# Optimización dinámica estocástica en tiempo discreto

## Una aplicación al análisis del consumo, la estructura del gasto y las curvas de Engel

David Pujolar Morales

**Ilustración de la cubierta:** superficie matemática generada con Python a partir de la función

$$z(x,y) = a_1 e^{-\frac{(x-a_2)^2-(y-a_3)^2}{a_4}} - a_5 e^{-\frac{(x+a_6)^2+(y+a_7)^2}{a_8}} + a_9 xy$$

con vector de parámetros $\boldsymbol{a} = (1.2, 0.5, 0.2, 0.8, 0.7, 1.1, 0.8, 1.4, 0.12)^*$.


**Publicado por David Pujolar Morales**
**ISBN: 978-84-09-90655-0**

* $a_1$ controla la amplitud de la elevación; $a_2$ posición en $x$; $a_3$ posición en $y$; $a_4$ anchura de la primera gaussiana; $a_5$ amplitud de la depresión; $a_6$ desplazamiento en $x$; $a_7$ desplazamiento en $y$; $a_8$ anchura de la segunda gaussiana y $a_9$ factor de interacción y torsión.

*A mi familia y, en especial, a mi esposa e hijo*

# TABLA DE CONTENIDOS

# PREFACIO

El presente texto es un trabajo de investigación que se vertebra en tres secciones autocontenidas:

- Las decisiones de consumo en un horizonte dinámico estocástico.
- Estructura del gasto y curvas de Engel.
- Fundamentos microeconométricos de la estimación de sistemas de demanda.

En cada caso, el autor analiza un determinado problema de carácter económico, efectúa una revisión crítica del mismo y propone métodos alternativos para su tratamiento y resolución. Desde esta perspectiva, el trabajo presentado aúna aportaciones teóricas de carácter conceptual con resultados metodológicos originales susceptibles de ser aplicados en otros ámbitos de la Economía.

Así, en el primero de los epígrafes, se deriva un procedimiento generalizado para la obtención de las condiciones de primer orden de problemas de optimización dinámica estocástica en tiempo discreto que posibilitan la deducción de la llamada ecuación de Euler de forma mucho más ágil que con los métodos usualmente empleados en Economía, basados en la función de valor de Bellman. El método es utilizado en el contexto de la teoría del consumo para efectuar una revisión de las distintas teorías existentes. El autor del trabajo pone en evidencia cuáles son algunos de los puntos débiles de dichas teorías, proponiendo una vía alternativa original con la que aunar la sofisticación formal de los modelos más generales con su aplicabilidad práctica, soslayando las dificultades que tradicionalmente han venido cuestionando la operatividad de muchos de los modelos empleados en el análisis económico del consumo.

En el segundo gran bloque del trabajo, el autor se ocupa de los llamados sistemas de demanda. Una vez que los agentes económicos establecen cuál debe ser el nivel óptimo de su consumo (de acuerdo con los elementos del epígrafe anterior) cabe preguntarse cómo deciden la distribución de la cuantía de gasto entre los distintos bienes y servicios que van a conformar su cesta de consumo. Tras examinar críticamente las diferentes soluciones aportadas por la teoría económica, se procede a resolver algunos de los problemas pendientes. Así es el caso de la integración de variables de carácter sociodemográfico en el núcleo de los llamados sistemas cuadráticos de demanda. La práctica habitual en Economía consiste en añadir el vector de variables sociodemográficas como un mero apéndice de la curva de Engel que define el sistema de demanda. Sin embargo, el autor del trabajo desarrolla un proceso original que le permite integrar en términos rigurosos las variables citadas, generalizando las especificaciones teóricas con las que se ha venido trabajando hasta la actualidad. Asimismo, ello permite disponer de instrumentos con los que enriquecer el trabajo aplicado, puesto que se amplía el horizonte de especificaciones susceptibles de ser contrastadas empíricamente.

Por lo que respecta al último capítulo del libro, éste se ocupa de los problemas metodológicos asociados a la estimación y validación empírica de las curvas de Engel. Tras llevar a cabo un análisis de las cuestiones abiertas en la investigación aplicada, el autor centra su interés en las dificultades asociadas con el tratamiento estadístico de modelos con variable dependiente de variación limitada. En esta línea, puesto que para algunos hogares el nivel de gasto observado para determinados componentes de la cesta de consumo es nulo, las técnicas de estimación que se empleen no pueden ser las estándares. Una de las vías propuestas en la literatura econométrica es el llamado método en dos fases de Heckman. No obstante, se muestra cómo en muchas ocasiones el procedimiento citado posee importantes limitaciones, pudiendo dar lugar a la obtención de estimadores inconsistentes. Frente a ello, el autor del trabajo deduce una expresión de validez general en términos estadísticos que, entre otras cuestiones, permite calibrar el sesgo inducido por el método de Heckman en el cálculo de los efectos marginales de las diferentes variables de interés. A su vez, diseña un mecanismo con el que seleccionar estimadores alternativos, ilustrando su funcionamiento mediante un trabajo aplicado en el contexto de los sistemas de gasto. En realidad, la metodología que propone es susceptible de ser aplicada más allá de los sistemas de gasto, pudiéndose emplear en cualquier problema, económico o no, que requiera considerar formas funcionales en las que la variable dependiente presente valores muestrales nulos.

# 1. INTRODUCCIÓN

El análisis, desde una perspectiva con vocación científica, de cualquier fenómeno económico debe asumir, al margen de la naturaleza específica del problema estudiado, dos rasgos que están presentes en la mayoría de procesos económicos: la incertidumbre y la dinamicidad. Si bien puede parecer una obviedad señalar tales elementos cuando, de alguna forma, aparecen explícita o implícitamente reseñados en los trabajos económicos, deja de serlo cuando profundizamos en el modo en que son instrumentalizados por parte de los economistas. En esta línea, el procedimiento habitualmente seguido en los trabajos de investigación de carácter empírico consiste en aplicar de forma más o menos rutinaria procedimientos metodológicos que, en apariencia, tienen un carácter paradigmático, en el sentido de ofrecer un marco de referencia generalmente aceptado por la mayoría de investigadores.

Sin embargo, a menudo, se constata cómo esa rutinización en la aplicación de técnicas cuantitativas no tiene suficientemente en cuenta ni las implicaciones reales de la técnica en cuestión ni, en la dirección opuesta, las exigencias metodológicas que requiere un determinado fenómeno económico, trascendiendo modas firmemente establecidas en la profesión.

Más específicamente, si centramos nuestra atención en el estudio del consumo (aun cuando, *mutatis mutandis*, lo dicho es aplicable a la mayoría de temas económicos) se constata la persistencia de dos aproximaciones alternativas:

- La basada en una aproximación empiricista, en la que desde un mínimo conjunto de reflexiones teóricas se intenta inferir a partir de una muestra de observaciones ecuaciones de comportamiento que, supuestamente, permitan explicar las decisiones de consumo.
- La fundada en un aparato matemático relativamente sofisticado del que se derivan con cierto grado de rigor una serie de condiciones que deben ser sometidas a falsación.

Más allá de las implicaciones epistemológicas (véase Bunge (1998) y (2000)) de ambas estrategias, así como de las supuestas ventajas o desventajas en términos de su capacidad puntual para explicar el proceso investigado, parecería razonable ahondar en los mecanismos mediante los cuales se aplican los rasgos que se citaban anteriormente: incertidumbre y dinamicidad. Si lo hacemos nos encontramos con un patrón generalizado: la incertidumbre, el riesgo, los elementos de carácter estocástico acaban desempeñando un papel marginal en las modelizaciones pese a que éstas, supuestamente, pretenden específicamente tratar con dicha estocasticidad.

Así, en la mayor parte de trabajos de talante empiricista esta aleatoriedad aparece como un mero apéndice del modelo, en forma de término de perturbación, sobre el cual interesa determinar, en el mejor de los casos, hasta qué punto satisface una serie de supuestos estadísticos en la línea de lo que la tendencia econométrica imperante en un momento dado considera pertinente. Sin embargo, tiende a obviarse el contraste de algunas de las hipótesis que se adoptan *de facto* sobre el componente estocástico, como sucede a menudo con el supuesto de normalidad, pese a tener profundas implicaciones sobre el núcleo mismo del modelo.

De igual forma, en muchos de los trabajos que usan como soporte una modelización teórica con un grado de sofisticación mayor, nos encontramos a menudo con la utilización de técnicas de optimización dinámica de carácter estocástico. No obstante, su derivación se efectúa de forma telegráfica, cuando no se remite al lector a otros trabajos que a su vez remiten a otros trabajos, hasta obtener formas funcionales que, en realidad, sólo fijan condiciones que debe satisfacer la magnitud estudiada, pero que no corresponden en propiedad a ninguna ecuación de comportamiento de la misma. Formas funcionales en las que, tal como sucede con los trabajos de orientación empírica, los elementos estocásticos reciben un tratamiento muy simplificado.

Son precisamente estas reflexiones las que constituyen el sustrato de la investigación propuesta que, utilizando el consumo como nexo, se vertebra en torno a tres grandes bloques:

- La modelización de las decisiones sobre el nivel de consumo en un horizonte con incertidumbre.
- La estructura del gasto por bienes y servicios asociada al nivel de consumo establecido como óptimo.
- El análisis de los fundamentos microeconométricos para la estimación de los sistemas de demanda.

## Las decisiones de consumo en un horizonte dinámico estocástico[1]

La primera de las secciones se ocupa de perfilar de forma crítica los principales rasgos que, en términos teóricos, poseen los modelos de consumo con incertidumbre. Sirviéndose de resultados de la teoría del control óptimo aplicados a problemas de optimización dinámica estocástica en tiempo discreto, se derivan las condiciones necesarias de optimalidad que definen la llamada ecuación de Euler.

Frente a la aproximación tradicional, que hace uso de técnicas de programación dinámica basadas en calcular la llamada función de valor de Bellman, el empleo de una versión generalizada del método de los multiplicadores dinámicos de Lagrange (véase Chow (1993), (1997) así como Pujolar (2003a) para una generalización) facilita la deducción a la vez que sirve para hacer explícitas algunas de las limitaciones de tales modelos: por una parte, la exigencia de imponer mecanismos de expectativas racionales para que la especificación de la ecuación de Euler sea viable. Por otra, el desarrollo de complejas estructuras de los términos de perturbación asociados a dichas ecuaciones, que comprometen la misma esencia del modelo.

El análisis se extiende a los modelos con restricciones de liquidez, para los cuales se hace hincapié en el carácter no observable de los elementos que definen a esas restricciones, así como en la imposibilidad de inferir una función analítica explícita para la senda óptima del consumo.

Esta circunstancia, de importantes implicaciones prácticas por cuanto comporta la imposibilidad de disponer de instrumentos directos para el análisis y simulación de políticas económicas sobre el consumo, deslegitima la pretendida superioridad de este tipo de modelos sobre los tradicionales, dotados de una mayor agilidad en las aplicaciones empíricas.

Como alternativa a la metodología tradicional se propone un sistema de modelización en dos etapas en el que se aúnen las virtudes teóricas de los modelos anteriores con la sencillez y flexibilidad de los modelos clásicos de la renta permanente y del ciclo vital.

---

[1] A lo largo del texto se presupone una comprensión básica de la noción de proceso estocástico, sin que se desarrolle específicamente su fundamentación probabilística. El lector que desee profundizar en esta materia puede consultar, a un nivel introductorio, Todorovic (1992). Un tratamiento más amplio de la teoría de la probabilidad y los procesos aleatorios puede encontrarse en Grimmett y Stirzaker (2001). Para una referencia avanzada orientada al estudio de secuencias aleatorias y campos estocásticos puede recurrirse a la obra clásica de Rosenblatt (1985).

En una primera, recuperando la noción de consumo permanente, se racionalizan las decisiones de los consumidores presuponiendo que éstos están interesados en el componente no estocástico del consumo. En tal caso, el modelo que debe resolverse responde al esquema de un programa de optimización dinámica de carácter determinista.

La deducción de la correspondiente ecuación de Euler, en esta tesitura, queda libre de las ataduras de los modelos con incertidumbre y posibilita, además, la derivación de una forma funcional para la trayectoria óptima del consumo. En un segundo estadio, los componentes estocásticos utilizados para tratar la incertidumbre se incorporan como producto de la relación que liga a consumo corriente con el consumo permanente a través del consumo transitorio.

Cierra el capítulo una sección destinada a vincular el modelo propuesto con las formulaciones clásicas del consumo. Tras el oportuno ejercicio deductivo, se enfatizan las restricciones e hipótesis implícitas que es necesario introducir de quererse justificar el paradigma clásico. En especial, se constata cómo algunas de ellas constriñen la estructura del modelo hasta límites poco realistas, como sucede con la imposición de relaciones paramétricas específicas entre el tipo de interés real, las preferencias intertemporales, la aversión al riesgo y la volatilidad del componente transitorio.

**Estructura del gasto y curvas de Engel**

Así como en el bloque anterior, en términos estrictamente microeconómicos, el objeto de estudio quedaba definido por la caracterización de las decisiones de consumo, ahora las reflexiones sobre el consumo son abordadas desde la perspectiva de la demanda de bienes: una vez los hogares determinan el nivel de gasto ¿cómo se distribuye éste entre distintos grupos de bienes?, ¿existen condicionantes socioeconómicos en la determinación de las elasticidades de los diferentes bienes?, ¿los supuestos de homogeneidad de las elasticidades-gasto entre hogares son realistas?

Desde esta perspectiva, se reexaminan los modelos de determinación del gasto, considerando desde las formulaciones más simples como las de Working-Leser a los sistemas AIDS ("Almost Ideal Demand System") y su extensión cuadrática QUAIDS ("Quadratic Almost Ideal Demand System"). En relación con este último tipo de formulación, se analizan las condiciones bajo las cuales son susceptibles de aproximar formas funcionales genéricas de la función de utilidad y actuar como un marco general de modelización.

Sin embargo, buena parte del comportamiento del nivel de gasto está en conexión con variables de tipo sociodemográfico. De ahí la importancia de incorporar su tratamiento en la especificación de un sistema QUAIDS. Dos son las opciones para hacerlo: a través de las llamadas funciones de escala o mediante su inclusión en los coeficientes del sistema de ecuaciones diferenciales que sustenta al propio sistema de demanda. Tras sopesar las ventajas e inconvenientes de ambas posibilidades, la segunda de las vías es la que se revela preferible tanto por cuestiones operativas como de carácter teórico. Se muestra, sin embargo, cómo los procedimientos usuales en el tratamiento de tales variables para su integración en el núcleo del modelo resultan discutibles: o bien por implicar razonamientos *ad hoc*, o bien por dar lugar a estructuras sobreparametrizadas que no siempre se explicitan.

Como alternativa válida en presencia de datos longitudinales, se propone una variante original, que permite una derivación consistente del modelo y le dota de suficiente flexibilidad como para adaptarse al trabajo empírico.

Por su importancia sobre el análisis aplicado, en esta segunda parte del capítulo se incide también en algunos de los elementos que deben tomarse en consideración cuando se pretenden aplicar de forma operativa los modelos teóricos anteriores. Entre éstos cabe señalar:

- La restricción de igualdad de coeficientes por hogares es, en el mejor de los casos, discutible. De hecho, resulta lícito preguntarse hasta qué punto tal igualdad es consistente en términos estadísticos. En esta línea, resulta preferible esbozar modelizaciones en las que se contemple heterogeneidad; al menos entre agrupaciones de hogares. La cuestión no es trivial en términos del cálculo de las elasticidades-gasto asociadas con el modelo, ya que de verse rechazada estadísticamente la hipótesis de homogeneidad las estimaciones de los coeficientes serán sesgadas.

- Si la estimación se efectúa con datos de sección cruzada, utilizando la Encuesta de Presupuestos Familiares (EPF) de 1990-1991, no va a ser posible que los precios aparezcan explícitamente en la relación funcional, al no existir variación de los mismos en términos muestrales. Sin embargo, si admitimos que puedan existir comportamientos diferenciales entre grupos de hogares (por ejemplo, por pertenecer a cuartiles de renta distintos) la variabilidad en el término constante va a recoger efectos idiosincrásicos de cada grupo, parte de los cuales pueden estar asociados a comportamientos diferenciales en precios.

En otros términos, la relajación del supuesto de homogeneidad espacial en los coeficientes no sólo permite analizar posibles pautas diferenciales de comportamiento entre grupos de hogares sino también capturar (aun cuando sin poder aislarlos) determinados efectos sustitución con datos de sección cruzada. Finalmente, dada su relevancia como instrumentos para la simulación y elaboración de escenarios de política económica, en la sección final del capítulo se deducen las expresiones de las elasticidades totales de sustitución; tanto en relación con el nivel de gasto como para las distintas variables sociodemográficas en el ámbito de la modelización QUAIDS considerada.

**Fundamentos microeconométricos de la estimación de sistemas de demanda**

En este bloque, de naturaleza eminentemente econométrica, se incide precisamente en la estimación de las ecuaciones de participación de los gastos observados por categorías sobre el gasto consuntivo total. Prescindiendo de las singularidades que pueda tener la estimación de las curvas de Engel, se pretenden analizar los problemas asociados a la estimación de modelos con microdatos, básicamente cuando se emplean conjuntos muestrales de sección cruzada. Para ello, en primer lugar, se insiste en la necesidad de justificar el paso desde una especificación determinista como la postulada a nivel teórico a su variante estocástica puesto que, en buena parte, es la estructura de este término la que va a condicionar la estrategia de estimación.

Al margen de la argumentación tradicional, basada en la posible omisión de variables específicas, la consideración de problemas de medición en las variables del modelo sirve para proporcionar una justificación rigurosa para la introducción de un término de perturbación en las ecuaciones. Adicionalmente, contemplar posibles comportamientos específicos por grupos de hogares ocasiona que en el sistema de demanda deba incorporarse una doble fuente de variabilidad en los parámetros: la asociada a cada tipo de bien y la vinculada a cada agrupación de hogares. Asimismo, la presencia en la muestra de valores nulos de la variable dependiente para algunas categorías de bienes motiva la necesidad de introducir métodos de estimación específicos.

Ya sea por un problema de infrecuencia de compra ya sea consecuencia de la existencia de soluciones de esquina, la aparición de ceros muestrales requiere considerar modelizaciones con variable dependiente censurada. Sin embargo, la estimación consistente de formulaciones tobit depende crucialmente de los supuestos que se adopten en relación con los mecanismos probabilísticos asociados a las perturbaciones del modelo.

De forma más precisa, la implementación de estimaciones con variable dependiente censurada exige al investigador la imposición de una determinada forma funcional para las funciones de densidad condicional de los términos de perturbación. Por cuestiones de simplicidad computacional suele optarse por una distribución normal truncada (véase, por ejemplo, Wooldridge (2002)). Este procedimiento, que se aplica de forma rutinaria en los trabajos de investigación, adolece de una grave limitación: la consistencia de los estimadores está sujeta al no rechazo de los supuestos de normalidad y de homoscedasticidad.

Sin embargo, en la mayoría de situaciones los contrastes sobre normalidad (véase Pagan y Vella (1989)) aplicados rechazan regularmente dicha hipótesis nula. Lo mismo ocurre de postularse otras distribuciones logísticas o extremas truncadas (si bien en ese caso los tests para el contraste son de naturaleza no paramétrica, al no haberse desarrollado aún contrastes específicos con suficiente potencia de discriminación de la hipótesis nula).

Aun siendo una cuestión esencial, la literatura especializada acostumbra a eludir tales dificultades insistiendo en la imposición de una distribución normal truncada, a pesar de la evidencia empírica que pueda existir en su contra. De ahí el empeño puesto en desarrollar una aproximación original que permita resolver adecuadamente las dificultades esbozadas. De esta forma, en la segunda parte del capítulo, se deducen resultados en los que se generaliza la obtención de la expresión teórica de los efectos marginales en modelos con variables dependientes con variación limitada.

Se muestra, por otra parte, cómo las técnicas de estimación que habitualmente se aplican estiman sesgadamente dichos efectos, al transgredirse en la mayoría de los casos los fundamentos estadísticos que las sustentan. Especial hincapié se pone en el método de dos fases de Heckman, dada su creciente popularización y atendiendo a la ligereza con que a menudo se usa.

Partiendo de estos hechos, se esboza una estrategia para evaluar la fiabilidad de un conjunto de estimadores alternativos obtenidos empleando distintos procedimientos en el contexto de las ecuaciones de gasto definidas por las curvas de Engel deducidas en el tercer bloque de la investigación: desde la estimación con variable dependiente censurada bajo distintos supuestos de distribución (normal y logística) pasando por variantes como el método de dos fases de Heckman, la aplicación de mínimos cuadrados ordinarios o el método generalizado de los momentos tanto sobre la totalidad de la muestra disponible como para la submuestra correspondiente a los valores no nulos.

La elección de un estimador u otro se establece a partir de un mecanismo de simulación en el que se calcula una medida del nivel de discrepancia entre valores ajustados y valores reales de gasto (por ejemplo, el error cuadrático medio de la previsión). Mediante un proceso recursivo, en el que se seleccionan aleatoriamente submuestras de hogares, se deriva una tabla de comportamiento de los distintos estimadores, que aparecen clasificados en función de la medida de discrepancia.

Huelga decir que de ello no pueden inferirse en ningún caso conclusiones aventuradas, en la línea de afirmar la superioridad de un método de estimación dado en cualquier situación. Al respecto, no debe olvidarse la naturaleza del procedimiento; éste, por definición, sólo es concluyente para la base muestral empleada, siendo utilizable únicamente para el fin con el que se diseñó: ofrecer una guía para la selección del estimador con un comportamiento menos malo (de acuerdo con determinados criterios) cuando el candidato natural ofrecido por la metodología econométrica al uso es inconsistente.

Con todos estos elementos, en el tercer apartado del capítulo se desglosan los resultados de las simulaciones efectuadas, así como las estimaciones de las elasticidades-gasto por grupos homogéneos de hogares y los efectos asociados a las variables de naturaleza demográfica para el método de estimación elegido. Finaliza la sección con un apartado en el que se recogen las principales conclusiones que se pueden derivar del estudio realizado.

En definitiva, más allá del mero discurso económico, el consumo actúa a lo largo del texto como hilo conductor para la introducción y discusión de reflexiones teóricas y metodológicas acerca de las interacciones que se establecen entre procedimientos cuantitativos, razonamientos microeconómicos y disponibilidad informativa y sus condicionantes sobre la investigación.

## 2. LAS DECISIONES DE CONSUMO EN UN HORIZONTE DINÁMICO ESTOCÁSTICO

Históricamente, la formulación del modelo de la renta permanente de Friedman constituyó un punto de inflexión en la teoría del consumidor: al ofrecer un marco teórico riguroso que, trascendiendo las limitaciones de los modelos keynesianos, permitía dar cabal cuenta de las diferentes regularidades empíricas observadas con datos macroeconómicos. Sin embargo, más allá de desarrollos como los de Modigliani (1975) y su modelo del ciclo vital, con la aparición de los trabajos pioneros de Hall (1978) su atractivo teórico empezó a verse seriamente cuestionado. Efectivamente, frente a la sutileza matemática derivada de la integración de la incertidumbre en el marco de programas de optimización dinámica de carácter estocástico (Hall (1978), Zeldes (1989a), Carroll (1997)) los pilares instrumentales de la teoría de la renta permanente aparecían, cuando menos, añejos[2].

Pese a todo, el modelo del ciclo vital-renta permanente no ha dejado de continuar siendo profusamente utilizado en la investigación aplicada, donde su aparente sencillez teórica camina pareja con su robustez para ajustarse con éxito a la información empírica disponible (véase, para el caso español, Raymond (1997) así como Raymond, Oliver y Pujolar (1997)). Por otra parte, la utilización de modelos de carácter estocástico como marco conceptual desde el que efectuar desarrollos empíricos presenta importantes limitaciones que, sin embargo, no suelen hacerse explícitas en el trabajo académico. Sirva como ilustración la imposibilidad, en términos matemáticos, de obtener en la mayoría de los casos una forma funcional que describa la senda óptima del consumo y, consecuentemente, que permita llevar a cabo análisis aplicados sobre el comportamiento de ese consumo (véase, para problemas de índole más general que la del consumo, Cesari (1983) o Seierstad y Sydsæter (1987)). Pese a ello (o quizás por ello), la práctica microeconométrica habitual consiste en emplear las condiciones necesarias de optimalidad recogidas por la ecuación de Euler tanto para contrastar la validez empírica del modelo como, caso de no verse rechazada, para efectuar tales análisis de comportamiento, al margen de la incongruencia metodológica que ello comporta.

---

2 Véase Campbell y Mankiw (1990) y (1991) para una revisión crítica de la hipótesis de la renta permanente con datos macroeconómicos para el caso de Estados Unidos, así como Browning y Crossley (2001) desde una perspectiva teórica.

Estas y otras cuestiones de similar naturaleza constituyen el núcleo del capítulo, vertebrado en cuatro secciones. En la primera de ellas, se lleva a cabo una revisión crítica de los modelos de consumo con incertidumbre sin restricciones de liquidez. En la segunda se extiende dicho análisis a los modelos con restricciones de liquidez (véase Hayashi (1985) o Carroll (2001a) por ejemplo). En ambos casos, la derivación de las correspondientes ecuaciones de Euler se realiza mediante técnicas alternativas a las de programación dinámica que habitualmente se usan en Economía. Para ello se utilizan resultados que generalizan el método del lagrangiano dinámico propuesto por Chow (véase Chow (1993), (1996) y Pujolar (2003a) para una generalización). A su vez, para cada tipo de modelización se analizan las hipótesis que es preciso introducir, así como sus efectos en términos económicos.

En el tercer epígrafe se aborda de forma alternativa el tratamiento de la incertidumbre. Recuperando, desde una perspectiva complementaria a la original, los conceptos introducidos por Friedman (Friedman (1957)) de consumo permanente, transitorio y corriente, se postula un mecanismo de inclusión indirecta de la incertidumbre a través de la relación entre el consumo permanente y el consumo corriente. El resultado de todo ello es una modelización propia en la que se sortean buena parte de las dificultades que presentan los modelos con incertidumbre. Para lograrlo, una vez derivadas la ecuación de Euler y la ecuación de comportamiento de dicho consumo, la incertidumbre se introduce como producto de la naturaleza estocástica del componente transitorio del consumo corriente en lugar de hacerlo directamente sobre la función de utilidad. Cuando se integra en las ecuaciones anteriores, éstas deben reformularse, de forma que su estructura pase a ser estocástica y susceptible de contrastación empírica.

Como casos particulares de este modelo de carácter dual, en la sección cuarta se derivan los modelos clásicos de ciclo vital y de la renta permanente, remarcando los supuestos que es necesario introducir en términos matemáticos y sus correspondientes implicaciones económicas. Finaliza el capítulo con una síntesis de los principales resultados obtenidos.

## 2.1 El modelo estándar del consumo con incertidumbre

Considérese una formulación estándar del comportamiento del consumidor sin restricciones de liquidez (al modo de Zeldes (1989a) por ejemplo). En tal caso, asumiendo una determinada estructura de preferencias individuales y considerando un esquema de restricciones presupuestarias sin mecanismos intergeneracionales de transmisión de activos, las decisiones sobre el consumo, condicionadas a la información existente en el momento actual, exigen resolver un problema de maximización intertemporal en la forma[3]:

$$\begin{aligned} &\underset{\{c_{ih}\}_{h=t}^{T_i}}{Max}\, E\left[\sum_{h=t}^{T_i}\beta_i^{(h-t)}U\left(C_{ih},\boldsymbol{Z}_{ih},V_{ih}\right)\middle|\Omega_{it}\right] \\ &s.a \\ &X_{ih+1}=(1+r_{ih})S_{ih}+Y_{ih+1}\ \forall i\in\{1,\dots,N\}\ \forall h\in\{t,\dots,T_i\} \\ &S_{ih}=X_{ih}-C_{ih}\ \forall i\in\{1,\dots,N\}\ \forall h\in\{t,\dots,T_i\} \end{aligned} \qquad \textbf{(2.1)}$$

donde:

$\Omega_{it}$: conjunto de información disponible para el hogar i-ésimo en el período t-ésimo[4].

$E[\cdot|\Omega_{it}]$: operador de esperanza condicionada al conjunto de información disponible en el momento presente. De forma equivalente, se denota como $E_{it}[\cdot]$.

---

[3] Técnicamente, sería preciso introducir una restricción adicional para plasmar la no negatividad del consumo. Su omisión no tiene mayores consecuencias siempre que la función de utilidad que se postule satisfaga:

$$\lim_{C_{ih}\to 0}\frac{\delta U(C_{ih},\boldsymbol{Z}_{ih},V_{ih})}{\delta C_{ih}}=\infty$$

al ser una condición suficiente para su cumplimiento (véase Zeldes (1989b) para una justificación). Por otra parte, dado que $T_i$ representa el último período del horizonte vital del hogar, la riqueza residual al término del horizonte debe ser nula, de modo que $X_{iTi+1}=0$. Dado que no existen flujos de renta posteriores a $T_i$, esta condición implica $S_{iTi}=0$ y, por tanto, $C_{iTi}=X_{iTi}$; esto es, los recursos disponibles en el último período son consumidos en su totalidad. Finalmente, téngase en cuenta que **(2.1)** es un caso particular de **(2.106)**; véase el apéndice matemático.

[4] Habitualmente, la mayor parte de trabajos presuponen que el conjunto de información es idéntico para todos los hogares, pese a la plausibilidad de contemplar asimetrías informacionales entre familias (véase Deaton (1997)). Por otra parte, a efectos de las especificaciones microeconométricas, a menudo se distingue entre consumo de bienes duraderos, consumo en alimentación y consumo de bienes no duraderos. En cualquier caso, el punto de partida teórico sigue siendo el mismo (véase Deaton (1992)).

$U(C_{ih}, \boldsymbol{Z}_{ih}, V_{ih})$: función de utilidad de carácter homotético para el hogar i-ésimo; con preferencias intertemporales aditivamente separables.

$\beta_i$: factor de preferencias intertemporales para el hogar i-ésimo. Por construcción, debe verificarse $0 < \beta_i \leq 1$.

$C_{ih}$: consumo total del hogar i-ésimo en el período h-ésimo.

$\boldsymbol{Z}_{ih}$: vector de factores específicos observables que inciden en la formación de las preferencias sobre el consumo del hogar i-ésimo en el período h-ésimo.

$V_{ih}$: factores específicos de la función de utilidad en el período h-ésimo del hogar i-ésimo que capturan elementos idiosincrásicos no observables en la formación de las preferencias sobre el consumo, actuando como perturbaciones estocásticas sobre esas preferencias.

$X_{ih}$: recursos del hogar i-ésimo al principio del período h-ésimo susceptibles de ser consumidos.

$S_{ih}$: ahorro (en términos de la parte no consumida de $X_{ih}$) del hogar i-ésimo en el período h-ésimo.

$Y_{ih}$: ingresos disponibles procedentes de fuentes distintas del capital del hogar i-ésimo en el período h-ésimo.

$r_{ih}$: tasa de rentabilidad real media de los activos de capital del hogar i-ésimo en el período h-ésimo. En la práctica empírica a menudo se postula idéntico para todos los hogares.

$T_i$: horizonte vital del hogar i-ésimo (se supone conocido *a priori*; habitualmente es tratado como idéntico para todos los hogares).

En la medida que el modelo **(2.1)** actúa como una expresión canónica, que anida diferentes formulaciones del consumo, resulta de interés explicitar el proceso de derivación de las condiciones de optimalidad, así como su especificación empírica, sobre todo si tenemos en cuenta que dicha derivación suele omitirse en la mayor parte de trabajos y que, cuando la incluyen, sólo lo hacen parcialmente.

Para ello, en lugar de utilizar la aproximación dominante en Economía (véase Ljungqvist y Sargent (2000)), basada en la utilización del principio de optimización dinámica de Bellman, que exige definir la llamada función de valor y conlleva innecesarias complicaciones de cálculo, resulta preferible emplear, por su mayor simplicidad y rigor matemático, una deducción fundamentada en la extensión del principio del máximo de Pontryagin al caso de problemas de optimización dinámica estocástica en tiempo discreto. Paradójicamente, pese a su mayor sencillez, dicho método sólo ha sido incorporado en la investigación económica muy recientemente y de forma parcial (ver Chow (1993) y Pujolar (2003a) para una extensión). Como punto de partida debemos definir una función lagrangiana dinámica, en la forma siguiente (véase, como caso general, **(2.107)** en el apéndice matemático):

$$\mathcal{L} = E_{it}\left[\sum_{h=t}^{T_i}\left\{\beta_i^{(h-t)}U\left(C_{ih},\boldsymbol{Z}_{ih},V_{ih}\right)-\beta_i^{(h-t+1)}\lambda_{ih+1}\left\{\left(X_{ih+1}-\left((1+r_{ih})(X_{ih}-C_{ih})+Y_{ih+1}\right)\right)\right\}\right\}\right] \quad \textbf{(2.2)}$$

donde $\lambda_{ih}$ es el multiplicador dinámico de Lagrange para el hogar i-ésimo. Dicho multiplicador es único en la medida que en **(2.1)** estamos considerando una sola relación recursiva. En formulaciones más complejas (por ejemplo, en el modelo con restricciones de liquidez; véase Carroll (1997)) el número de multiplicadores sería mayor.

De hecho, la única variable de estado del modelo está recogida por $X_{ih}$. De igual forma, existe una sola variable de control con interés económico: $C_{ih}$, actuando el resto de factores (como los tipos de interés o los ingresos) exógenamente en el modelo. Aplicando los resultados que figuran en **(2.115)** —que resultan de la aplicación del principio del máximo de Pontryagin y constituyen una reformulación equivalente de las condiciones de primer orden obtenidas a partir de la función lagrangiana dinámica— y teniendo en cuenta las consideraciones que aparecen en el último párrafo del apéndice, las condiciones de primer orden vienen dadas por (obsérvese que $E_h[\cdot]$ conserva la notación empleada en el apéndice y representa la esperanza condicionada a la información disponible en el período h):

$$\begin{cases} \dfrac{\partial U\left(C_{ih},\boldsymbol{Z}_{ih},V_{ih}\right)}{\partial C_{ih}} + \beta_i E_h\left[\dfrac{\partial(X_{ih}(1+r_{ih})-C_{ih}(1+r_{ih})+Y_{ih+1})}{\partial C_{ih}}\lambda_{ih+1}\right]=0 \\ \lambda_{ih} = \dfrac{\partial U\left(C_{ih},\boldsymbol{Z}_{ih},V_{ih}\right)}{\partial X_{ih}} + \beta_i E_h\left[\dfrac{\partial(X_{ih}(1+r_{ih})-C_{ih}(1+r_{ih})+Y_{ih+1})}{\partial X_{ih}}\lambda_{ih+1}\right] \\ X_{ih+1} = X_{ih}(1+r_{ih})-C_{ih}(1+r_{ih})+Y_{ih+1} \end{cases} \quad \textbf{(2.3)}$$

Dado que en la segunda de las ecuaciones la derivada parcial de la función de utilidad respecto al nivel de recursos es nula y que los factores resultantes de las derivadas parciales, al estar referidos al período h, pueden salir del operador $E_h[\cdot]$, se desprende el resultado siguiente:

$$\begin{cases} \dfrac{\partial U(C_{ih}, \boldsymbol{Z}_{ih}, V_{ih})}{\partial C_{ih}} = \beta_i(1+r_{ih})E_h[\lambda_{ih+1}] \\ \lambda_{ih} = \beta_i(1+r_{ih})E_h[\lambda_{ih+1}] \end{cases} \quad \textbf{(2.4)}$$

Dividiendo ambas ecuaciones miembro a miembro con objeto de obtener una expresión para el multiplicador, se sigue que:

$$\frac{\dfrac{\partial U(C_{ih}, \boldsymbol{Z}_{ih}, V_{ih})}{\partial C_{ih}}}{\lambda_{ih}} = 1 \Rightarrow \frac{\partial U(C_{ih}, \boldsymbol{Z}_{ih}, V_{ih})}{\partial C_{ih}} = \lambda_{ih} \Rightarrow$$

$$\Rightarrow E_h[\lambda_{ih+1}] = E_h\left[\frac{\partial U(C_{ih+1}, \boldsymbol{Z}_{ih+1}, V_{ih+1})}{\partial C_{ih+1}}\right] \quad \textbf{(2.5)}$$

Sustituyendo la última de las expresiones anteriores en la primera de las ecuaciones que figuran en **(2.4)**, se obtiene:

$$\frac{\partial U(C_{ih}, \boldsymbol{Z}_{ih}, V_{ih})}{\partial C_{ih}} = \beta_i(1+r_{ih})E_h\left[\frac{\partial U(C_{ih+1}, \boldsymbol{Z}_{ih+1}, V_{ih+1})}{\partial C_{ih+1}}\right] \quad \textbf{(2.6)}$$

Efectuando operaciones algebraicas elementales y teniendo en cuenta que todos los elementos invariantes en el tiempo o referidos al período h-ésimo pueden entrar en el operador de esperanza condicional, obtendremos la expresión correspondiente a la ecuación de Euler:

$$E_h\left[\beta_i(1+r_{ih})\left(\frac{\dfrac{\partial U(C_{ih+1}, \boldsymbol{Z}_{ih+1}, V_{ih+1})}{\partial C_{ih+1}}}{\dfrac{\partial U(C_{ih}, \boldsymbol{Z}_{ih}, V_{ih})}{\partial C_{ih}}}\right)\right] = 1 \quad \textbf{(2.7)}$$

La expresión anterior, de carácter no lineal, constituye la ecuación fundamental para definir las condiciones de primer orden (que son necesarias y suficientes dada la estructura postulada para la función de utilidad[5] que debe satisfacer el consumo). Por otra parte, determina el punto de partida para inferir condiciones de ortogonalidad que puedan ser usadas en la estimación de los parámetros de interés (al respecto, no debe olvidarse que el método generalizado de los momentos como técnica de

[5] En concreto, al ser creciente y estrictamente cóncava en el consumo, y dadas las restantes condiciones del problema, se garantiza que el problema de maximización esté bien comportado en términos matemáticos, siendo las condiciones de primer orden necesarias y suficientes (véase Carroll y Kimball (1996) y Carroll (2001a), así como el apéndice matemático de este capítulo). Asimismo, la utilidad marginal convexa implica que los agentes ahorran por motivos de precaución (ver Deaton (1992)).

estimación fue introducido a propósito de modelos como **(2.1)**; véase Hansen y Singleton (1982)). Llegados a este punto, varias son las cuestiones que deben señalarse:

- El modelo no puede ser resuelto de forma explícita. Esto es, pese al atractivo que desde un punto de vista microeconómico pueda poseer una formulación como la anterior, no resulta factible derivar una ecuación del comportamiento óptimo del consumo y, por ende, no pueden llevarse a cabo análisis de impactos de políticas económicas o ejercicios de simulación sin incorporar supuestos adicionales muy restrictivos (véanse los comentarios de la nota 7). En realidad, a menudo se olvida que la ecuación de Euler no es más que una expresión que recoge las condiciones de optimalidad que debe satisfacer el consumo (o cualquier otra variable de control, tenga o no carácter económico) cuando sigue un comportamiento como el recogido en **(2.1)**. Por lo tanto, no debería ser confundida con la expresión funcional que define la trayectoria temporal de dicho consumo. Para obtener esta última sería preciso que la sustitución de las condiciones de optimalidad en la restricción presupuestaria de los hogares diese lugar a una forma funcional explícita para el consumo, no siendo esto factible cuando la incertidumbre es tratada de forma endógena, dado el carácter estocástico y no lineal de la ecuación resultante[6].

- Conceptualmente, la objeción anterior sólo puede ser sorteada aplicando métodos numéricos de resolución en problemas de optimización dinámica estocástica. No obstante, el diseño e implementación de estos algoritmos es relativamente reciente y su aplicación resulta computacionalmente muy costosa (véase Kushner y Dupuis (2001)) por lo que su utilización no se encuentra muy extendida en Economía (una excepción, en términos teóricos, la constituye Santos (2000))[7].

---

[6] Para una fundamentación matemática, véase Pujolar (2003a).

[7] Nótese que los ejercicios de calibración numérica efectuados a propósito de la ecuación de Euler en algunos trabajos, siguiendo la técnica propuesta por Deaton en 1991 (véase Attanasio y Low (2000) o Cutanda y Labeaga (2001) para España) no constituyen procedimientos de resolución de un problema de optimización. Sólo son útiles para simular y evaluar el perfil del consumo presuponiendo el cumplimiento de la ecuación de Euler, así como de la estructura de generación impuesta sobre las variables exógenas del modelo.

• Obviamente, sólo resulta viable obtener las condiciones de optimalidad del problema si se postula una determinada forma funcional para la utilidad de los consumidores. Sin embargo, el hecho de considerar funciones CRRA (esto es, funciones de utilidad con coeficiente relativo de aversión al riesgo constante) responde únicamente a que, más allá de su interés teórico, simplifican el tratamiento matemático del problema. Por otra parte, es cuando menos cuestionable dar por sentado que la totalidad de hogares poseen unas preferencias que, funcionalmente, tienen un mismo esquema de generación (en este caso, una función de tipo CRRA).

• Así como en la literatura microeconométrica con datos de sección cruzada o de panel se admite una heterogeneidad de las preferencias a través de la existencia de coeficientes específicos para cada hogar, ninguna razón económica permite rechazar *a priori* la presencia de formas funcionales específicas por hogares (o grupos de ellos). Adicionalmente, aun cuando teóricamente la estructura del modelo fuese específica para cada hogar, las limitaciones muestrales imponen otra serie de simplificaciones. En particular, suele presuponerse que la tasa de rentabilidad de los activos es idéntica para la totalidad de hogares, pese a que para colectivos con niveles de renta y riqueza dispares probablemente deban considerarse tasas disímiles.

• A pesar de los condicionantes anteriores, una de las mayores virtudes de **(2.1)** es su facilidad para dar lugar a distintas variantes teóricas sobre el consumo. Así, el modelo tradicional de la renta permanente equivale a **(2.1)** sin incertidumbre y con una serie de restricciones sobre los parámetros, tal como se muestra en la sección 2.4. Los modelos con restricciones de liquidez, por su parte, se basan en **(2.1)** con una restricción adicional que adopta la forma $S_{ih} \geq 0$. Del mismo modo, el llamado modelo con reservas de seguridad ("buffer stock saving model", véase Carroll (2001c)) se obtiene una vez que se incluyen las restricciones:

$$\begin{cases} Y_{ih+1} = P_{ih+1}\eta_{ih+1} \\ P_{ih+1} = g_{ih}P_{ih}\xi_{ih+1} \end{cases} \qquad \textbf{(2.8)}$$

donde ahora $P_{ih}$ son los ingresos permanentes del trabajo del hogar i-ésimo en el período h-ésimo, $g_{ih}$ es el factor de crecimiento de esos ingresos permanentes y $\xi_{ih}$, $\eta_{ih}$ son términos de perturbación vinculados a los ingresos corrientes y a los ingresos permanentes, respectivamente.

Volviendo a **(2.7)**, para que dicha ecuación resulte tratable empíricamente, es necesario introducir una serie de transformaciones adicionales y proceder a linealizarla (véase Attanasio y Low (2000)). La linealización de dicha ecuación se puede abordar de distintos modos. Una posible vía la constituye la aproximación tradicional sugerida por Hansen y Singleton (1983). En cualquier caso, los supuestos adoptados a lo largo del proceso de linealización condicionan profundamente la especificación empírica de la ecuación, así como la forma de estimarla.

Por su relevancia, parecería aconsejable estudiar con detenimiento el impacto de trabajar con un grado u otro de precisión en la mecánica de linealización. Sin embargo, la práctica habitual se reduce a emplear maquinalmente el resultado final de Hansen y Singleton. Sólo recientemente se ha empezado a cuestionar la validez del proceso de linealización y a plantear su conexión con la escasa robustez que usualmente presentan las ecuaciones estimadas (véase Carroll (2001b)).

Con objeto de ilustrar tales implicaciones, se incide de forma detallada en el proceso de linealización, siguiendo un planteamiento ligeramente diferente al de Hansen y Singleton. Para ello, en primer lugar, es preciso suponer la existencia de expectativas racionales, de modo que:

$$\beta_i(1+r_{ih})\left(\frac{\frac{\partial U\left(C_{ih+1},\boldsymbol{Z_{ih+1}},V_{ih+1}\right)}{\partial C_{ih+1}}}{\frac{\partial U\left(C_{ih},\boldsymbol{Z_{ih}},V_{ih}\right)}{\partial C_{ih}}}\right)-E_h\left[\beta_i(1+r_{ih})\left(\frac{\frac{\partial U\left(C_{ih+1},\boldsymbol{Z_{ih+1}},V_{ih+1}\right)}{\partial C_{ih+1}}}{\frac{\partial U\left(C_{ih},\boldsymbol{Z_{ih}},V_{ih}\right)}{\partial C_{ih}}}\right)\right]=w_{ih+1} \quad \textbf{(2.9)}$$

donde $w_{ih}$ es un shock de ajuste de las expectativas con media nula y ortogonal a la información disponible en el instante h. Aplicando el resultado anterior en **(2.7)**, se infiere que:

$$\beta_i(1+r_{ih})\left(\frac{\frac{\partial U\left(C_{ih+1},\boldsymbol{Z_{ih+1}},V_{ih+1}\right)}{\partial C_{ih+1}}}{\frac{\partial U\left(C_{ih},\boldsymbol{Z_{ih}},V_{ih}\right)}{\partial C_{ih}}}\right)=1+w_{ih+1} \quad \textbf{(2.10)}$$

Si se asume que la función de utilidad es una función CRRA ampliada con factores observables y no observables, en la forma:

$$U(C_{ih}, \boldsymbol{Z}_{ih}, V_{ih}) = \frac{1}{1-\rho_i}\exp(\varphi_i' \boldsymbol{Z}_{ih} + V_{ih}) C_{ih}^{1-\rho_i} \qquad \textbf{(2.11)}$$

donde $\boldsymbol{\varphi}_i$ es un vector de parámetros (tantos como factores incluya el vector $\boldsymbol{Z}$) y $\rho_i$ es el coeficiente relativo de aversión al riesgo[8].

En tal caso, **(2.7)** se transforma en:

$$E_h\left[\beta_i(1+r_{ih}) \cdot \exp(\varphi_i' \Delta \boldsymbol{Z}_{ih+1} + \Delta V_{ih+1}) \cdot \left(\frac{C_{ih+1}}{C_{ih}}\right)^{-\rho_i}\right] = 1 \qquad \textbf{(2.12)}$$

Si **(2.11)** se sustituye en **(2.10)** se deduce:

$$\beta_i(1+r_{ih}) \cdot \exp(\varphi_i' \Delta \boldsymbol{Z}_{ih+1} + \Delta V_{ih+1}) \cdot \left(\frac{C_{ih+1}}{C_{ih}}\right)^{-\rho_i} = 1 + w_{ih+1} \qquad \textbf{(2.13)}$$

Tomando logaritmos neperianos a ambos lados de la ecuación se obtiene:

$$\ln(\beta_i) + \ln(1+r_{ih}) + \varphi_i' \Delta \boldsymbol{Z}_{ih+1} + \Delta V_{ih+1} + \ln\left(\frac{C_{ih+1}}{C_{ih}}\right)^{-\rho_i} = \ln(1+w_{ih+1}) \qquad \textbf{(2.14)}$$

de donde:

$$\ln\left(\frac{C_{ih+1}}{C_{ih}}\right) = \frac{1}{\rho_i}\left[\ln(\beta_i) + \ln(1+r_{ih}) + \varphi_i' \Delta \boldsymbol{Z}_{ih+1}\right] + \frac{1}{\rho_i}\left[\Delta V_{ih+1} - \ln(1+w_{ih+1})\right] \qquad \textbf{(2.15)}$$

En la ecuación anterior, debe tenerse en cuenta que $\ln(1 + w_{ih})$ posee una media distinta de cero, ya que la de $w_{ih}$ es nula por hipótesis, dando lugar a problemas de identificación del término constante. De hecho, efectuando un desarrollo de Maclaurin de orden dos tendremos:

$$\ln(1+w_{ih+1}) \cong w_{ih+1} - \frac{w_{ih+1}^2}{2} \Rightarrow E_h\left[\ln(1+w_{ih+1})\right] \cong E_h\left[w_{ih+1}\right] - \frac{1}{2}E_h\left[w_{ih+1}^2\right] \Rightarrow$$

$$\Rightarrow E_h\left[\ln(1+w_{ih+1})\right] \cong -\frac{1}{2}\sigma_{w_i}^2 \qquad \textbf{(2.16)}$$

Así pues, sumando y restando el término anterior en **(2.15)**, la ecuación resultante es:

---

[8] Recuérdese que dicho coeficiente se define como: $\rho_i = -\frac{\frac{\partial^2 U_i}{\partial C_i^2}}{\frac{\partial U_i}{\partial C_i}} C_i$. Por construcción, debe ser positivo; para $\rho_i = 1$ la función CRRA se interpreta mediante su forma logarítmica límite (véase Simonovits (2000) para una fundamentación).

$$\ln\left(\frac{C_{ih+1}}{C_{ih}}\right)=\frac{1}{\rho_i}\left[\ln(\beta_i)+\frac{1}{2}\sigma^2_{w_i}+\ln(1+r_{ih})+\boldsymbol{\varphi}_i'\Delta\boldsymbol{Z}_{ih+1}\right]+$$

$$+\frac{1}{\rho_i}\left[\Delta V_{ih+1}-\left(\ln(1+w_{ih+1})-\left(-\frac{1}{2}\sigma^2_{w_i}\right)\right)\right] \qquad \textbf{(2.17)}$$

La inclusión de la varianza de $w_{ih}$ ha sido motivo de una ingente literatura, al aparecer vinculada, en esta clase de aproximaciones, con un factor de ahorro por motivo precautorio (véase, por ejemplo, Kimball (1990)). Lamentablemente, aun cuando se postule invariante individual y temporalmente, no es identificable ya que, una vez integrado en el término constante de la ecuación, no es posible separar sus efectos del resto de elementos de dicho término. Además, no debe olvidarse que su aparición es consecuencia del desarrollo polinomial de orden dos[9]. Nada impide efectuar desarrollos de órdenes superiores: un incremento de estos redunda, teóricamente, en una mayor precisión de la aproximación (véase Carroll (2001b)).

En realidad, al margen de la varianza de $w_{ih}$, el segundo término de la ecuación engloba elementos no observables de distinta naturaleza, algunos idiosincrásicos, otros invariantes por hogares y otros invariantes temporalmente. Todos ellos, no obstante, son no observables, por lo que deben integrarse en un término de perturbación. En ese caso, y una vez recodificados los parámetros, tendremos:

$$\Delta\ln\left(C_{ih+1}\right)=\alpha_{0i}+\boldsymbol{\alpha}_{1i}'\Delta\boldsymbol{Z}_{ih+1}+\alpha_{2i}\ln\left(1+r_{ih}\right)+\varepsilon_{ih+1} \qquad \textbf{(2.18)}$$

siendo $\varepsilon_{ih+1}$ el nuevo término de perturbación que integra a los componentes no observables de **(2.17)**. Por último, por problemas de identificabilidad, suele postularse invariancia de los coeficientes por hogares (véase Attanasio y Low (2000)), con lo que la ecuación final a considerar es de la forma:

$$\Delta\ln\left(C_{ih+1}\right)=\alpha_0+\boldsymbol{\alpha}_1'\Delta\boldsymbol{Z}_{ih+1}+\alpha_2\ln\left(1+r_{ih}\right)+\varepsilon_{ih+1} \qquad \textbf{(2.19)}$$

La ecuación **(2.19)** constituye la expresión canónica que, con mayor o menor sofisticación, es rutinariamente estimada en la mayoría de investigaciones recientes de carácter aplicado (véase Browning y Lusardi (1996) a modo de recensión de la abundante literatura existente).

[9] Si $1 + w_{ih}$ sigue, condicionada a la información disponible en h, una distribución lognormal con media unitaria, la expresión **(2.16)** constituye entonces su aproximación de primer orden respecto de $\sigma^2_{w_i}$; véase Hansen y Singleton (1982).

No obstante, su popularización y amplia aceptación no deja de estar teñida de claroscuros que comprometen su significación:

- Los resultados que se obtienen al estimar difieren de forma sustancial tanto en función de las fuentes de información disponibles como de las variables que se integran en **Z** (véase Browning y Lusardi (1996)). De hecho, el vector **Z** desempeña un papel crucial tanto en términos teóricos como empíricos. Desde una perspectiva teórica, por recoger la senda específica del consumo a lo largo del ciclo vital de los agentes. En términos empíricos, por cuanto determina la disponibilidad de variables instrumentales susceptibles de ser empleadas en la estimación de la ecuación.

- En el caso español, el horizonte temporal de la Encuesta Continua de Presupuestos Familiares (ECPF) es reducido (12 años) y la calidad informativa muy discutible (baste citar los errores con que se miden algunas de las variables del modelo, como consecuencia de las limitaciones impuestas por las fuentes informativas disponibles, véase Oliver, Pujolar y Raymond (1998)) por lo que las conclusiones vertidas en estudios aplicados (López Salido (1993) o Albarrán (2000)) deben tomarse con prudencia. Asimismo, la heterogeneidad en los parámetros entre hogares que postula el modelo se ve fuertemente constreñida por los datos disponibles, resultando obligado introducir supuestos *ad hoc* de homogeneidad para buena parte de los coeficientes del modelo[10]. Por otra parte, la información temporal disponible por hogares en la ECPF es de dudosa fiabilidad: sea cual sea el grado de precisión con el que se miden algunas de las variables reportadas (especialmente las relativas a ingresos) el carácter rotatorio de la encuesta arroja interrogantes sobre cualquier estimación basada en una configuración muestral con datos de panel, dado que en la mayoría de ocasiones, entre dos períodos consecutivos, las observaciones disponibles corresponderán a unidades familiares distintas.

---

[10] Una forma de superar este hecho lo constituye la estimación de la ecuación considerando la existencia de agrupaciones de hogares con parámetros invariantes por bloques, pero con variabilidad entre los mismos. En otros términos, definir grupos o *clusters* a partir de la información proporcionada por determinadas variables de selección, teniendo en cuenta que en presencia de datos de tipo panel la aplicación mecánica del análisis estadístico de conglomerados (“*cluster analysis*”) no es aplicable, al operar en una sola dimensión (para una extensión en términos teóricos, véase Pujolar (2003b) y (2003c)).

• Finalmente, suele minimizarse el impacto derivado de los supuestos implícitos en la linealización de la ecuación de Euler y a la presunción de la distribución de probabilidad que siguen los shocks aleatorios según se desprende del desarrollo utilizado para llegar a **(2.18)**. El sesgo inducido por ese proceso de linealización de la ecuación de Euler, es una cuestión que sólo muy recientemente ha sido tomada en consideración por la literatura económica (véase Carroll (2001b) así como Ludvigson y Paxson (2001)) pero que, sin embargo, puede comprometer severamente la consistencia de los estimadores.

Las dificultades se incrementan en cuanto el modelo de partida **(2.1)** se sofistica con la inclusión de restricciones de liquidez. En realidad, los modelos con este tipo de restricciones se esbozan como intento para superar una de las objeciones citadas a propósito de la ecuación de Euler: la presunción de que la tasa de interés que deben tomar en consideración los agentes económicos es la misma para todos ellos, operando en mercados de capitales perfectos. Lamentablemente, la incorporación de un mayor realismo económico conlleva a su vez nuevas dificultades, tal como se detalla en el apartado siguiente.

## 2.2 El modelo del consumo con incertidumbre y restricciones de liquidez

La reformulación de **(2.1)** para reflejar la existencia de limitaciones sobre el precio o la disponibilidad de activos se ha abordado de diferentes modos en la literatura especializada (véase Hayashi (1987), Deaton (1991)). Una manera de hacerlo es asumiendo que las restricciones de liquidez operan exógenamente al modelo, en forma de restricciones a la capacidad de endeudamiento con cargo a ingresos futuros de los agentes económicos[11]. Su expresión en forma matemática se traduce en forma de una desigualdad como la siguiente (Zeldes (1989a)):

$$S_{ih} \geq 0 \text{ [12]} \quad \textbf{(2.20)}$$

Así pues, la nueva especificación teórica del modelo (recuérdese **(2.106)**; véase el apéndice matemático) adopta la estructura:

$$\underset{\{c_{ih}\}_{h=t}^{T_i}}{Max}\ E\left[\sum_{h=t}^{T_i} \beta_i^{(h-t)} U\left(C_{ih}, \boldsymbol{Z}_{ih}, V_{ih}\right) \middle| \Omega_{it}\right]$$

$s.a$

$$X_{ih+1} = (1+r_{ih})S_{ih} + Y_{ih+1}\ \forall i \in \{1,\dots N\}\ \forall h \in \{t,\dots T_i\}$$
$$S_{ih} = X_{ih} - C_{ih}\ \forall i \in \{1,\dots N\}\ \forall h \in \{t,\dots T_i\}$$
$$S_{ih} \geq 0\ \forall i \in \{1,\dots N\}\ \forall h \in \{t,\dots T_i\} \quad \textbf{(2.21)}$$

Teniendo en cuenta que la función lagrangiana es un caso particular de **(2.107)** (véase el apéndice matemático):

$$\mathcal{L} = E_{it}\left[\sum_{h=t}^{T_i}\left\{\beta_i^{(h-t)} U\left(C_{ih}, \boldsymbol{Z}_{ih}, V_{ih}\right) - \beta_i^{(h-t+1)} \lambda_{ih+1}\left\{\left(X_{ih+1} - \left((1+r_{ih})(X_{ih} - C_{ih}) + Y_{ih+1}\right)\right)\right\} + \right.\right.$$
$$\left.\left. + \beta_i^{(h-t)} \mu_{ih}\left(X_{ih} - C_{ih}\right)\right\}\right] \quad \textbf{(2.22)}$$

---

[11] En este caso, las restricciones de liquidez se reducen a restricciones sobre el endeudamiento. Tratamientos más complejos son también posibles de modelizar sin dificultades (véase Carroll (2001a)).

[12] Habitualmente, en los trabajos sobre consumo la restricción de liquidez aparece como $A_{ih+1} \geq 0$, donde $A_{ih+1}$ es la riqueza al final del período h-ésimo, siendo equivalente a la expresión $S_{ih} \geq 0$. Con esta última, sin embargo, las condiciones de optimalidad pueden expresarse de forma más compacta. Por otra parte, si la restricción está saturada (esto es, de verificarse en forma de igualdad) los activos que el agente económico puede transferir para consumo en el período siguiente son nulos, siendo el multiplicador distinto de cero. Lo contrario sucede cuando la restricción no está saturada. Por convenio, se habla de agente u hogar restringido para referirse a la primera situación y de hogar no restringido para la segunda (Zeldes (1989a)).

En consecuencia, la aplicación de las condiciones de optimalidad dadas por **(2.110)** en el apéndice, tomará la forma siguiente:

$$\begin{cases} \dfrac{\partial U(C_{ih},\boldsymbol{Z_{ih}},V_{ih})}{\partial C_{ih}}+\beta_i E_h\left[\dfrac{\partial (X_{ih}(1+r_{ih})-C_{ih}(1+r_{ih})+Y_{ih+1})}{\partial C_{ih}}\lambda_{ih+1}\right]+ \\ \qquad +\dfrac{\partial (X_{ih}-C_{ih})}{\partial C_{ih}}\mu_{ih}=0 \\ \lambda_{ih}=\dfrac{\partial U(C_{ih},\boldsymbol{Z_{ih}},V_{ih})}{\partial X_{ih}}+\beta_i E_h\left[\dfrac{\partial (X_{ih}(1+r_{ih})-C_{ih}(1+r_{ih})+Y_{ih+1})}{\partial X_{ih}}\lambda_{ih+1}\right]+ \\ \qquad +\dfrac{\partial (X_{ih}-C_{ih})}{\partial X_{ih}}\mu_{ih} \\ X_{ih+1}=X_{ih}(1+r_{ih})-C_{ih}(1+r_{ih})+Y_{ih+1} \\ X_{ih}-C_{ih}\geq 0 \\ \mu_{ih}(X_{ih}-C_{ih})=0 \\ \mu_{ih}\geq 0 \end{cases} \qquad \textbf{(2.23)}$$

Dado que en la segunda de las ecuaciones la derivada parcial de la función de utilidad respecto al nivel de recursos es nula y que los factores resultantes de las derivadas parciales, al estar referidos al período h, pueden salir del operador $E_h[\cdot]$, resulta inmediato colegir:

$$\begin{cases} \dfrac{\partial U(C_{ih},\boldsymbol{Z_{ih}},V_{ih})}{\partial C_{ih}}=\beta_i(1+r_{ih})E_h\left[\lambda_{ih+1}\right]+\mu_{ih} \\ \lambda_{ih}=\beta_i(1+r_{ih})E_h\left[\lambda_{ih+1}\right]+\mu_{ih} \end{cases} \qquad \textbf{(2.24)}$$

Dividiendo ambas ecuaciones miembro a miembro con objeto de obtener una expresión para el multiplicador $\lambda_{ih}$ idéntica a **(2.5)**, se sigue que:

$$\frac{\dfrac{\partial U(C_{ih},\boldsymbol{Z_{ih}},V_{ih})}{\partial C_{ih}}}{\lambda_{ih}}=1\Rightarrow \frac{\partial U(C_{ih},\boldsymbol{Z_{ih}},V_{ih})}{\partial C_{ih}}=\lambda_{ih}\Rightarrow$$

$$\Rightarrow E_h\left[\lambda_{ih+1}\right]=E_h\left[\frac{\partial U(C_{ih+1},\boldsymbol{Z_{ih+1}},V_{ih+1})}{\partial C_{ih+1}}\right] \qquad \textbf{(2.25)}$$

Utilizando la última de las expresiones anteriores en la primera de las ecuaciones que figuran en **(2.24)** se obtiene:

$$\frac{\partial U(C_{ih},\boldsymbol{Z_{ih}},V_{ih})}{\partial C_{ih}}=\beta_i(1+r_{ih})E_h\left[\frac{\partial U(C_{ih+1},\boldsymbol{Z_{ih+1}},V_{ih+1})}{\partial C_{ih+1}}\right]+\mu_{ih} \qquad \textbf{(2.26)}$$

En relación con **(2.26)** cabe preguntarse cuál es el efecto del multiplicador asociado a la restricción de liquidez. Al respecto, si se admite que en un instante dado coexisten hogares restringidos con hogares no restringidos, el número de ecuaciones de Euler que deben considerarse para contrastar la validez empírica del modelo es de dos, una para cada régimen de liquidez. Puesto que para los hogares no restringidos el multiplicador debe ser nulo (véase la nota 12) la forma de la ecuación de Euler será la misma que en el modelo sin restricciones y vendrá dada por **(2.6)**. Para los hogares restringidos, la ecuación relevante es **(2.26)**. La expresión de esta última ecuación, por otra parte, puede simplificarse si se renormaliza $\mu_{ih}$ aplicando el cambio siguiente:

$$\mu_{ih}^{*} \equiv \frac{\mu_{ih}}{\beta_i(1+r_{ih})E_h\left[\dfrac{\partial U\left(C_{ih+1},\boldsymbol{Z}_{ih+1},V_{ih+1}\right)}{\partial C_{ih+1}}\right]} \qquad \textbf{(2.27)}$$

Sustituyendo en **(2.26)**, obtendremos:

$$\frac{\partial U\left(C_{ih},\boldsymbol{Z}_{ih},V_{ih}\right)}{\partial C_{ih}} = \beta_i(1+r_{ih})E_h\left[\frac{\partial U\left(C_{ih+1},\boldsymbol{Z}_{ih+1},V_{ih+1}\right)}{\partial C_{ih+1}}\right] +$$

$$+\mu_{ih}^{*}\beta_i(1+r_{ih})E_h\left[\frac{\partial U\left(C_{ih+1},\boldsymbol{Z}_{ih+1},V_{ih+1}\right)}{\partial C_{ih+1}}\right] \qquad \textbf{(2.28)}$$

Efectuando operaciones algebraicas elementales, teniendo en cuenta que todos los elementos invariantes en el tiempo o referidos al período h-ésimo pueden entrar en el operador de esperanza condicional y efectuando la sustitución inducida por la relación anterior, obtendremos la expresión de la ecuación de Euler con restricciones de liquidez:

$$E_h\left[(1+\mu_{ih}^{*})\cdot\beta_i(1+r_{ih})\cdot\left(\frac{\dfrac{\partial U\left(C_{ih+1},\boldsymbol{Z}_{ih+1},V_{ih+1}\right)}{\partial C_{ih+1}}}{\dfrac{\partial U\left(C_{ih},\boldsymbol{Z}_{ih},V_{ih}\right)}{\partial C_{ih}}}\right)\right]=1 \qquad \textbf{(2.29)}$$

Como en el caso del modelo **(2.1)**, la expresión anterior constituye la ecuación fundamental para definir las condiciones de primer orden (que son también necesarias y suficientes dada la estructura postulada para la función de utilidad que debe satisfacer el consumo, recuérdese la nota 5).

Del mismo modo que para la ecuación **(2.7)**, su aplicación operativa en la investigación aplicada requiere que previamente se transforme linealmente. Para ello, suponiendo la existencia de expectativas racionales, tendremos:

$$(1+\mu_{ih}^{*})\cdot\beta_i(1+r_{ih})\cdot\left(\frac{\dfrac{\partial U\left(C_{ih+1},\boldsymbol{Z}_{ih+1},V_{ih+1}\right)}{\partial C_{ih+1}}}{\dfrac{\partial U\left(C_{ih},\boldsymbol{Z}_{ih},V_{ih}\right)}{\partial C_{ih}}}\right)-$$

$$-E_h\left[(1+\mu_{ih}^{*})\cdot\beta_i(1+r_{ih})\cdot\left(\frac{\dfrac{\partial U\left(C_{ih+1},\boldsymbol{Z}_{ih+1},V_{ih+1}\right)}{\partial C_{ih+1}}}{\dfrac{\partial U\left(C_{ih},\boldsymbol{Z}_{ih},V_{ih}\right)}{\partial C_{ih}}}\right)\right]=w_{ih+1} \quad \textbf{(2.30)}$$

donde $w_{ih}$ sigue siendo un shock de ajuste de las expectativas. Sustituyendo en **(2.29)** se infiere:

$$(1+\mu_{ih}^{*})\cdot\beta_i(1+r_{ih})\cdot\left(\frac{\dfrac{\partial U\left(C_{ih+1},\boldsymbol{Z}_{ih+1},V_{ih+1}\right)}{\partial C_{ih+1}}}{\dfrac{\partial U\left(C_{ih},\boldsymbol{Z}_{ih},V_{ih}\right)}{\partial C_{ih}}}\right)=1+w_{ih+1} \quad \textbf{(2.31)}$$

Bajo el supuesto de que la función de utilidad es una función CRRA, se deduce:

$$(1+\mu_{ih}^{*})\cdot\beta_i(1+r_{ih})\cdot\exp(\varphi_i'\Delta\boldsymbol{Z}_{ih+1}+\Delta V_{ih+1})\cdot\left(\frac{C_{ih+1}}{C_{ih}}\right)^{-\rho_i}=1+w_{ih+1} \quad \textbf{(2.32)}$$

De donde, tomando logaritmos neperianos y reagrupando términos:

$$\ln\left(\frac{C_{ih+1}}{C_{ih}}\right)=\frac{1}{\rho_i}\left[\ln(\beta_i)+\ln(1+r_{ih})+\varphi_i'\Delta\boldsymbol{Z}_{ih+1}+\ln(1+\mu_{ih}^{*})\right]+$$

$$+\frac{1}{\rho_i}\left[\Delta V_{ih+1}-\ln(1+w_{ih+1})\right] \quad \textbf{(2.33)}$$

Aplicando un desarrollo de Maclaurin para $w_{ih+1}$ idéntico a **(2.16)** se deduce una ecuación análoga a **(2.17)**:

$$\ln\left(\frac{C_{ih+1}}{C_{ih}}\right)=\frac{1}{\rho_i}\left[\ln(\beta_i)+\frac{1}{2}\sigma_{w_i}^2+\ln(1+r_{ih})+\varphi_i'\Delta\boldsymbol{Z}_{ih+1}+\ln\left(1+\mu_{ih}^{*}\right)\right]+$$

$$+\frac{1}{\rho_i}\left[\Delta V_{ih+1}-\ln(1+w_{ih+1})-\frac{1}{2}\sigma_{w_i}^2\right] \quad \textbf{(2.34)}$$

Conceptualmente, la ecuación anterior es equivalente a **(2.17)**, difiriendo sólo por el multiplicador dinámico de liquidez. Aplicando los mismos razonamientos y suponiendo igualmente invariancia espacial en los coeficientes recodificados, se llega a[13]:

$$\Delta \ln\left(C_{ih+1}\right) = \alpha_0 + \boldsymbol{\alpha}_1' \Delta \boldsymbol{Z}_{ih+1} + \alpha_2 \ln\left(1 + r_{ih}\right) + \frac{1}{\rho_i} \ln\left(1 + \mu_{ih}^*\right) + \varepsilon_{ih+1} \quad \textbf{(2.35)}$$

¿Es directamente utilizable **(2.35)** en la investigación microeconométrica? A tenor del ingente número de artículos publicados en los últimos años en los que dicha ecuación deviene piedra angular, pudiera creerse que sí. Desafortunadamente, a menudo el objetivo de este tipo de estudios consiste en introducir sofisticaciones en los procesos de estimación seguidos, soslayando algunos aspectos que, pese a ser evidentes, no son debidamente ponderados. En realidad, el primer inconveniente asociado con **(2.35)** está suscitado por la misma naturaleza del multiplicador de la restricción de liquidez: por definición, éste no es observable y, consecuentemente, **(2.35)** no puede estimarse directamente. Este hecho conduce a una ecuación en la forma:

$$\Delta \ln\left(C_{ih+1}\right) = \alpha_0 + \boldsymbol{\alpha}_1' \Delta \boldsymbol{Z}_{ih+1} + \alpha_2 \ln\left(1 + r_{ih}\right) + \eta_{ih+1} \quad \textbf{(2.36)}$$

donde, por construcción:

$$\eta_{ih+1} \equiv \frac{1}{\rho_i} \ln\left(1 + \mu_{ih}^*\right) + \varepsilon_{ih+1} \quad \textbf{(2.37)}$$

Difiriendo formalmente sólo en la estructura del término de perturbación, esbozar un sistema dual de ecuaciones de Euler entraña una segunda dificultad en el trabajo aplicado con microdatos: ¿cómo saber cuál de ellas es la relevante para un hogar dado en un período cualquiera? La práctica habitual consiste en segmentar la muestra entre hogares restringidos y no restringidos atendiendo a criterios[14] *ad hoc*, condicionados por las fuentes muestrales disponibles y sujetos todos ellos, cuando menos, a controversia tanto por el posible sesgo de selección que pueden generar como por su influencia sobre los resultados finales.

Por otra parte, la compleja estructura del término de perturbación, al incorporar tanto los errores de aproximación procedentes de la linealización de la ecuación de Euler como posibles errores de medida de las variables o factores no observables,

---

[13] El significado conceptual de $\varepsilon_{ih+1}$ es equivalente al que figura en **(2.18)** y contiene igualmente un componente asociable al ahorro por motivos precautorios.

[14] Entre estos, cabe citar el cociente entre los rendimientos declarados de los activos domésticos y el nivel de ingresos o la propiedad de la vivienda principal (véase Zeldes (1989a), Runkle (1991) y Jappelli y Pagano (1994)).

hacen que el proceso de estimación econométrica sea una tarea ardua, especialmente por lo que respecta a la elección de instrumentos estadísticamente válidos y a la identificación precisa de los parámetros.

Asimismo, la estricta derivación teórica del modelo se ve empañada en la práctica econométrica por la introducción de variables adicionales al margen del marco lógico de referencia que establece **(2.21)**. Así, la existencia de restricciones de liquidez se contrasta a menudo introduciendo la renta (o una transformación de la misma) como regresor adicional. Caso de resultar significativa, ello se toma como un indicio probatorio del exceso de sensibilidad del consumo con respecto a dicha renta; que a su vez se pretende vincular con la presencia de restricciones de liquidez (véase Runkle (1991), Zeldes (1989a) o López Salido (1993)).

Más sorprendente si cabe es la inclusión en la ecuación de Euler de la variación del consumo (o de valores desfasados del mismo) como variable explicativa (véase López Salido (1993), Banks *et al.* (1999) o Albarrán (2000)) por cuanto entra en contradicción con la misma esencia del modelo teórico de referencia. No debe olvidarse que la ecuación de Euler está reflejando unas condiciones de primer orden precisas: las del problema de partida de optimización dinámica con incertidumbre. Su alteración provoca una distorsión en esas mismas condiciones de primer orden, en el sentido de que la ecuación ampliada que se estima deja de ser la ecuación de Euler del problema, convirtiéndose en un híbrido de dudosa fundamentación lógica.

Quizás, la cuestión básica sea de naturaleza epistemológica: el objetivo perseguido ¿cuál es? Obtener una ecuación estable susceptible de utilización en modelos econométricos para efectuar previsiones y simulaciones de política económica (ya sean de tipo microeconómico como macroeconómico) para la cual los aspectos de carácter empírico son cruciales. O, contrariamente, se está interesado en describir con el máximo rigor teórico un modelo de conducta de los hogares que además sea capaz de ser coherente con los datos y útil como instrumento para tomar decisiones económicas. Si el objetivo primordial es el primero, aproximaciones "*ateóricas*" como las de Hendry y su escuela (véase Davidson *et al.* (1978), Hendry *et al.* (1990) o Campos y Ericsson (1999)) no deben desdeñarse, habida cuenta de sus capacidades predictivas. Caso de ser el segundo, no se puede pretender forzar la estructura del modelo con elementos de carácter econométrico que lo desvirtúen, debiéndose asumir sus limitaciones para el trabajo aplicado.

Todo ello hace que sea pertinente plantearse si la superioridad teórica de las formulaciones del consumo en las que la incertidumbre de los agentes es tratada de forma endógena compensa su debilidad empírica. En este sentido, quizás resulte atinado recuperar los modelos clásicos de carácter no endógeno, dadas sus contrastadas capacidades de ajuste empírico, incidiendo en su incardinación con los modelos con incertidumbre.

Desde esta perspectiva, en la sección siguiente se propone un modelo dinámico en el que los agentes pretenden determinar el componente permanente de su consumo en lugar de hacerlo para el total corriente del período. Siguiendo esta aproximación, que combina aportaciones teóricas supuestamente periclitadas con desarrollos recientes, la incertidumbre se incorpora indirectamente en el proceso decisional de los agentes económicos.

Con este procedimiento se logra pues disponer tanto de una variante de la ecuación de Euler análoga a la de los modelos con incertidumbre como de una forma funcional explícita para la senda del consumo. Asimismo, se muestra cómo las modelizaciones clásicas de la renta permanente o del ciclo vital se obtienen como casos particulares del modelo propuesto.

## 2.3 El modelo con incertidumbre: una reformulación

A pesar de la aparente superioridad teórica de una especificación como la recogida en **(2.1)** respecto a las formulaciones clásicas del ciclo vital o de la renta permanente, estas últimas poseen la virtud de proporcionar expresiones para la senda del consumo que son directamente aplicables para evaluar empíricamente el alcance de medidas de política monetaria o fiscal o llevar a cabo simulaciones sobre la evolución futura del ahorro. Por otra parte, veinticinco años después del artículo de Hall (véase Hall (1978)) la evidencia empírica acumulada a favor de una especificación como **(2.36)** es, en el mejor de los casos, discutible (véase Carroll (2001a y 2001b), así como Browning y Lusardi (1996)). Uno de los argumentos aducidos para justificar la preferencia por modelos como **(2.1)** es la integración de la incertidumbre en su estructura (véase Deaton (1992)). ¿Cómo se instrumentaliza dicha incertidumbre en el modelo? Tanto a través de la inclusión de un componente aleatorio en la función de utilidad como presuponiendo que la senda de ingresos de los hogares está sujeta a su vez a fuentes de riesgo. Sin embargo, en relación con este último aspecto, el tratamiento que se acostumbra a efectuar se limita a presuponer que los ingresos trasladan su incertidumbre sobre la función de utilidad a través de la ecuación de movimiento que los relaciona con los recursos del hogar. No obstante, si se quisiera dotar al modelo de plena coherencia y rigor matemáticos, entonces debería incidirse en el mecanismo estocástico que sustenta la incertidumbre de los ingresos. En otras palabras, formalizar dicha incertidumbre. Una posibilidad es la desarrollada por los llamados modelos de "*buffer stock*" (véase Carroll (2001c)):

$$\begin{aligned}
&\underset{\{c_{ih}\}_{h=t}^{T_i}}{Max}\, E\left[\sum_{h=t}^{T_i} \beta_i^{(h-t)} U\left(C_{ih}, \boldsymbol{Z}_{ih}, V_{ih}\right) \middle| \Omega_{it}\right] \\
&s.a \\
&X_{ih+1} = (1+r_{ih})S_{ih} + Y_{ih+1}\ \forall i \in \{1,\dots,N\}\ \forall h \in \{t,\dots,T_i\} \\
&Y_{ih+1} = P_{ih+1}\eta_{ih+1}\ \forall i \in \{1,\dots,N\}\ \forall h \in \{t,\dots,T_i-1\} \\
&P_{ih+1} = g_{ih}P_{ih}\xi_{ih+1}\ \forall i \in \{1,\dots,N\}\ \forall h \in \{t,\dots,T_i-1\} \\
&S_{ih} = X_{ih} - C_{ih}\ \forall i \in \{1,\dots,N\}\ \forall h \in \{t,\dots,T_i\}
\end{aligned} \qquad \textbf{(2.38)}$$

donde la segunda y tercera restricciones describen la senda postulada para los ingresos (para la interpretación de la simbología, recuérdese la ecuación **(2.8)**). Nótese que $T_i$ representa el último período del horizonte vital del hogar. En consecuencia, las ecuaciones que determinan la renta y su componente permanente deben generar magnitudes sólo hasta $T_i$, sin extenderse al estado terminal $T_i+1$. Por el contrario, la ecuación de transición de los recursos se mantiene hasta h = $T_i$, puesto que la decisión del último período genera el estado terminal $X_{iTi+1}$. Más allá de las discusiones que puedan establecerse acerca de cómo debe modelizarse la estructura de los componentes estocásticos implícitos en las ecuaciones de movimiento de los ingresos (en algunos estudios se llega al extremo de presuponer que los ingresos siguen un proceso ARIMA(p, d, q); véase Senhadji (2001)) no debería olvidarse que, en realidad, la cuestión subyacente es: ¿se quiere tratar a los ingresos como una variable endógena del modelo o no? Si la respuesta es afirmativa, entonces debe procederse con un grado de sofisticación mucho mayor que el implícito en los modelos de "*buffer stock*", puesto que ahora va a ser necesario incidir en los mecanismos económicos que puedan estar actuando sobre los ingresos. En otros términos, tomar en consideración los elementos estocásticos de carácter no sistemático sólo es una parte de la historia que debe explicarse. La parte que no se explica es la referente al componente sistemático de dichos ingresos que es, precisamente, la de mayor interés económico. En definitiva, la cuestión no es tanto si los ingresos tienen o no una naturaleza estocástica como si se pretende endogeneizarlos en el modelo. Lo que no es del todo satisfactorio en términos matemáticos es postular mecanismos aleatorios para esos ingresos con el objetivo, explícito o implícito, de dar cuenta de su incertidumbre omitiendo los componentes sistemáticos de carácter económico (los cuales, por otra parte, pueden tener también un carácter estocástico[15]). ¿Cómo hacerlo? Una forma innovadora de proceder consistiría en ampliar **(2.1)** integrando una ecuación para los ingresos, según:

$$\begin{aligned}
&\underset{\{c_{ih}\}_{h=t}^{T_i}}{Max}\, E\left[\sum_{h=t}^{T_i}\beta_i^{(h-t)}U\left(C_{ih},\boldsymbol{Z}_{ih},V_{ih}\right)\middle|\Omega_{it}\right]\\
&s.a\\
&X_{ih+1}=(1+r_{ih})S_{ih}+Y_{ih+1}\,\forall i\in\{1,\dots,N\}\,\forall h\in\{t,\dots,T_i\}\\
&Y_{ih+1}=f(Y_{ih},\boldsymbol{Ed}_{ih},\boldsymbol{Ex}_{ih},\boldsymbol{D}_{ih},P_{ih})\,\forall i\in\{1,\dots,N\}\,\forall h\in\{t,\dots,T_i-1\}\\
&S_{ih}=X_{ih}-C_{ih}\,\forall i\in\{1,\dots,N\}\,\forall h\in\{t,\dots,T_i\}
\end{aligned} \qquad \textbf{(2.39)}$$

---

[15] En este sentido, una idea muy extendida en Economía Aplicada es que los componentes sistemáticos de un modelo son no estocásticos mientras que son los elementos no sistemáticos (en forma de perturbación) los que poseen dicho carácter. En realidad, la dicotomía sistemático-no sistemático, en un plano estadístico, es equivalente a grandes rasgos a la contraposición observable-no observable. Nada obsta, sin embargo, para que los elementos sistemáticos integren tanto componentes deterministas (una tendencia, por ejemplo) como estocásticos: renta, demografía, etc. Son estas magnitudes para las que se puede disponer de observaciones muestrales y sobre las que llevar a cabo inferencia condicionada pero que, en términos econométricos estrictos, deben ser concebidas como magnitudes aleatorias que actúan exógenamente al modelo (para una definición rigurosa de exogeneidad estricta, véase Hayashi (2000) o Davidson (2000)).

siendo:

> ***$Ed_{ih}$***: vector de variables relativas al nivel educativo de los miembros activos del hogar i-ésimo en el período h-ésimo.
>
> ***$Ex_{ih}$***: vector de variables relativas a la experiencia laboral de los miembros activos del hogar i-ésimo en el período h-ésimo.
>
> ***$D_{ih}$***: vector de variables de carácter sociodemográfico (no necesariamente iguales a las contenidas en ***$Z_{ih}$***) del hogar i-ésimo en el período h-ésimo.
>
> *$P_{ih}$*: factores específicos en el período h-ésimo del hogar i-ésimo que capturan elementos idiosincrásicos no observables en la determinación de sus ingresos.

En el caso más elemental, la función *f* puede responder a la formulación de Mincer (véase Weiss (1986)). En todo caso, ¿por qué detenernos en los ingresos? ¿Acaso no resulta plausible concebir que en la evolución temporal de los tipos de interés y los componentes sociodemográficos también hay incertidumbre? Además de su incertidumbre, puestos a endogeneizar, detenernos en los ingresos no deja de ser algo arbitrario. ¿Qué ocurriría si quisiéramos esbozar un modelo mucho más ambicioso que **(2.39)**?

Al margen de que la tradición económica establecida acostumbra a operar en compartimentos casi estancos (al modo de un cuadro de Mondrian) en el sentido de que no se insiste suficientemente en las posibles interconexiones entre modelos que, supuestamente, resuelven problemas autónomos, en términos estrictamente matemáticos no hay ninguna razón para descartar esta forma de proceder. Ahora bien, conforme vamos ampliando el número de variables endógenas, las posibilidades de disponer de una solución analítica del modelo resultante se van haciendo más y más remotas. Ciertamente, pudiera pensarse que, en ausencia de una solución analítica, siempre puede recurrirse a la obtención de una solución por métodos numéricos. Lamentablemente, las cosas no son tan sencillas: estando los algoritmos para la resolución numérica de problemas de optimización dinámica estocástica en sus primeros estadios, su aplicación en estructuras como las descritas no deja de ser algo bastante quimérico.

Modifiquemos completamente el enfoque y supongamos que tipos de interés, ingresos y factores sociodemográficos intervienen de forma exógena en **(2.1)**. Reflexionemos asimismo sobre la racionalidad implícita en la función de utilidad. ¿Cuál es el significado de la presencia de elementos idiosincrásicos no observables en la misma? Entre otras cuestiones, el reconocimiento de que hay elementos en el sistema de preferencias de los individuos que no pueden modelizarse de forma conveniente. Ahora bien, si en realidad el objetivo último de la modelización consiste en disponer de un conjunto de relaciones que dé lugar a una ecuación de comportamiento del consumo con una forma funcional explícita, tratable empíricamente y que de algún modo integre elementos de incertidumbre, entonces la vía seguida hasta ahora no es la más idónea.

Reformulemos el modelo de modo que, aparentemente, no tenga en cuenta la incertidumbre y, por ende, en la función de utilidad no aparezcan términos aleatorios no observables recogidos por $V_{ih}$. En una primera lectura, pudiera creerse que la consecuencia lógica de este tipo de proceder sería una especificación en la forma:

$$\underset{\{c_{ih}\}_{h=t}^{T_i}}{Max} \sum_{h=t}^{T_i} \beta_i^{(h-t)} U\left(C_{ih}, \boldsymbol{Z}_{ih}\right)$$

$$s.a$$

$$X_{ih+1} = (1+r_{ih})S_{ih} + Y_{ih+1} \; \forall i \in \{1,\dots,N\} \; \forall h \in \{t,\dots,T_i\}$$
$$S_{ih} = X_{ih} - C_{ih} \; \forall i \in \{1,\dots,N\} \; \forall h \in \{t,\dots,T_i\} \qquad \textbf{(2.40)}$$

En realidad, ubicar el modelo en un contexto con certidumbre presupone además que la evolución de los factores exógenos es tratada, respecto al período de referencia t-ésimo, como preestablecida. Sin embargo, en un cierto ámbito decisional, estos hechos no excluyen la posibilidad de recuperar la incertidumbre desde otra vertiente, de forma que la aparente superioridad en términos microeconómicos de **(2.1)** deba ser matizada.

Para ello, es preciso incorporar la noción de consumo permanente[16] de Friedman desde una perspectiva complementaria a la original y concebir el proceso decisional de los agentes de forma que éstos sólo planifiquen sus decisiones acerca del consumo permanente ya que, por definición, el consumo transitorio de un período no se puede prever al principio de éste. En tal caso, resulta concebible que los agentes consideren que la incertidumbre incide directamente sobre el consumo total pero no sobre el componente permanente y actúen como si el efecto de las variables exógenas sobre ese componente estuviese descontado de esa incertidumbre. Por ejemplo,

---

[16] El concepto de consumo permanente es definido por Friedman como el valor de bienes y servicios corrientes que se planea consumir en un período, excluyendo los consumos corrientes imprevistos (por enfermedad, por ejemplo) que se consideran transitorios (véase Friedman (1957)).

considerando que el tipo de interés relevante sea el de los activos libres de riesgo y estableciendo un determinado horizonte de evolución para las magnitudes demográficas y de renta.

De acuerdo con las matizaciones anteriores, la formulación matemática apropiada del problema no es la recogida en **(2.40)**, sino que ahora debe fijarse como:

$$\begin{aligned}
&\underset{\{c_{ih}\}_{h=t}^{T_i}}{Max} \sum_{h=t}^{T_i} \beta_i^{(h-t)} U\left(C_{ih}^P, \boldsymbol{Z_{ih}}\right) \\
&s.a \\
&\qquad X_{ih+1} = (1+r_{ih})S_{ih} + Y_{ih+1} \ \forall i \in \{1,\ldots,N\} \ \forall h \in \{t,\ldots,T_i\} \\
&\qquad S_{ih} = X_{ih} - C_{ih}^P \ \forall i \in \{1,\ldots,N\} \ \forall h \in \{t,\ldots,T_i\}
\end{aligned} \qquad \textbf{(2.41)}$$

donde $C_{ih}^P$ designa el consumo permanente del período para el hogar i-ésimo.

Derivemos las condiciones de optimalidad. Puesto que el problema definido por **(2.41)** no incorpora las perturbaciones estocásticas $V_{ih}$ y teniendo en cuenta los razonamientos anteriores, el contrapunto de la función lagrangiana **(2.2)** es una ecuación sin el operador de esperanzas condicionales[17]:

$$\mathcal{L} = \sum_{h=t}^{T_i} \left\{ \beta_i^{(h-t)} U\left(C_{ih}^P, \boldsymbol{Z_{ih}}\right) - \beta_i^{(h-t+1)} \lambda_{ih+1} \left\{ \left( X_{ih+1} - \left( (1+r_{ih})\left(X_{ih} - C_{ih}^P\right) + Y_{ih+1} \right) \right) \right\} \right\} \quad \textbf{(2.42)}$$

Por su parte, las condiciones de optimalidad en ausencia de incertidumbre serán (véase el apéndice matemático):

$$\begin{cases}
\dfrac{\partial U\left(C_{ih}^P, \boldsymbol{Z_{ih}}\right)}{\partial C_{ih}^P} + \beta_i \dfrac{\partial (X_{ih}(1+r_{ih}) - C_{ih}^P(1+r_{ih}) + Y_{ih+1})}{\partial C_{ih}^P} \lambda_{ih+1} = 0 \\
\lambda_{ih} = \dfrac{\partial U\left(C_{ih}^P, \boldsymbol{Z_{ih}}\right)}{\partial X_{ih}} + \beta_i \dfrac{\partial (X_{ih}(1+r_{ih}) - C_{ih}^P(1+r_{ih}) + Y_{ih+1})}{\partial X_{ih}} \lambda_{ih+1} \\
X_{ih+1} = X_{ih}(1+r_{ih}) - C_{ih}^P(1+r_{ih}) + Y_{ih+1}
\end{cases} \qquad \textbf{(2.43)}$$

Puesto que, como en el caso estocástico, la derivada parcial de la función de utilidad respecto al nivel de recursos es nula, **(2.43)** se transforma en:

$$\begin{cases}
\dfrac{\partial U\left(C_{ih}^P, \boldsymbol{Z_{ih}}\right)}{\partial C_{ih}^P} = \beta_i (1+r_{ih}) \lambda_{ih+1} \\
\lambda_{ih} = \beta_i (1+r_{ih}) \lambda_{ih+1}
\end{cases} \qquad \textbf{(2.44)}$$

17 Recuérdese que a excepción del consumo (la variable de control) y la riqueza (la variable de estado) el resto de variables son tratadas como exógenas al problema.

Operando del mismo modo que sobre **(2.4)** para aislar al multiplicador dinámico, se consigue llegar a:

$$\frac{\dfrac{\partial U\left(C_{ih}^{P},\boldsymbol{Z}_{ih}\right)}{\partial C_{ih}^{P}}}{\lambda_{ih}}=1\Rightarrow\lambda_{ih}=\frac{\partial U\left(C_{ih}^{P},\boldsymbol{Z}_{ih}\right)}{\partial C_{ih}^{P}}\Rightarrow\lambda_{ih+1}=\frac{\partial U\left(C_{ih+1}^{P},\boldsymbol{Z}_{ih+1}\right)}{\partial C_{ih+1}^{P}} \quad \textbf{(2.45)}$$

Sustituyendo **(2.45)** en la primera ecuación de **(2.44)** se obtiene la expresión de la ecuación de Euler para un problema dinámico no estocástico en tiempo discreto:

$$\frac{\partial U\left(C_{ih}^{P},\boldsymbol{Z}_{ih}\right)}{\partial C_{ih}^{P}}=\beta_i(1+r_{ih})\frac{\partial U\left(C_{ih+1}^{P},\boldsymbol{Z}_{ih+1}\right)}{\partial C_{ih+1}^{P}} \quad \textbf{(2.46)}$$

En relación con **(2.46)** debe enfatizarse la ausencia de esperanzas condicionales, lo que hace innecesaria la introducción de la hipótesis de expectativas racionales y la aparición del subsiguiente término de error. Si asumimos además que, al igual que en **(2.1)**, en el modelo **(2.41)** las utilidades de los hogares son de tipo CRRA sin componente idiosincrásico no observable:

$$U(C_{ih}^{P},\boldsymbol{Z}_{ih})=\frac{1}{1-\rho_i}\exp(\boldsymbol{\varphi}_i'\boldsymbol{Z}_{ih})\left(C_{ih}^{P}\right)^{1-\rho_i} \quad \textbf{(2.47)}$$

Si calculamos sus derivadas parciales respecto al consumo permanente y las sustituimos en **(2.46)** se obtiene:

$$\beta_i(1+r_{ih})\cdot\exp(\boldsymbol{\varphi}_i'\Delta\boldsymbol{Z}_{ih+1})\cdot\left(\frac{C_{ih+1}^{P}}{C_{ih}^{P}}\right)^{-\rho_i}=1 \quad \textbf{(2.48)}$$

Nótese cómo ahora es suficiente con tomar logaritmos neperianos en ambos miembros de la igualdad y reagrupar términos para inferir directamente la expresión final de la ecuación de Euler para el consumo permanente:

$$\Delta\ln\left(C_{ih+1}^{P}\right)=\frac{1}{\rho_i}\left(\ln\beta_i+\boldsymbol{\varphi}_i'\Delta\boldsymbol{Z}_{ih+1}+\ln\left(1+r_{ih}\right)\right) \quad \textbf{(2.49)}$$

¿Cómo tratar econométricamente la ecuación **(2.49)**? Para responder, recuperemos de forma matizada la relación entre consumo corriente, transitorio y permanente de Friedman (véase Friedman (1957)) [18]:

[18] Originalmente, Friedman concebía el consumo transitorio en términos estrictamente económicos. Aquí hacemos una interpretación más general, en el sentido de que el componente transitorio integra también shocks sobre el consumo permanente o errores de medición. La consecuencia inmediata de ello es que ahora el término transitorio puede tomar tanto valores positivos como negativos.

$$C_{ih} \equiv C^P_{ih} + u_{ih} \quad \textbf{(2.50)}$$

donde $u_{ih}$ es un término que está reflejando cualquier shock imprevisto sobre el consumo permanente o posibles problemas de medición de éste.

Asimismo, por tener carácter transitorio, resulta plausible concebirlo en términos estocásticos; por ejemplo, como un proceso ruido blanco. En consecuencia, pese a que se postule un carácter determinista para el consumo permanente, el consumo corriente poseerá una naturaleza aleatoria, de acuerdo con **(2.50)**.

Teniendo en cuenta este hecho, entre los consumos permanentes y corrientes de dos períodos cualesquiera siempre es posible establecer una relación como:

$$\frac{\left(\dfrac{C_{ih+1}}{C_{ih}}\right)}{\left(\dfrac{C^P_{ih+1}}{C^P_{ih}}\right)} = (1+\xi_{ih+1}) \Rightarrow \left(\frac{C_{ih+1}}{C_{ih}}\right) = \left(\frac{C^P_{ih+1}}{C^P_{ih}}\right)(1+\xi_{ih+1}) \quad \textbf{(2.51)}$$

donde $\xi_{ih+1}$ es un término de perturbación con esperanza matemática nula[19], siendo el carácter estocástico de dicho término producto de la presencia implícita en el numerador del componente transitorio del consumo, que a su vez es estocástico.

Tomando logaritmos neperianos[20], obtendremos:

$$\ln\left(\frac{C_{ih+1}}{C_{ih}}\right) = \ln\left(\left(\frac{C^P_{ih+1}}{C^P_{ih}}\right)(1+\xi_{ih+1})\right) \Rightarrow \ln\left(\frac{C_{ih+1}}{C_{ih}}\right) = \ln\left(\frac{C^P_{ih+1}}{C^P_{ih}}\right) + \ln(1+\xi_{ih+1}) \equiv$$

$$\equiv \Delta\ln\left(C^P_{ih+1}\right) = \Delta\ln\left(C_{ih+1}\right) - \ln\left(1+\xi_{ih+1}\right) \quad \textbf{(2.52)}$$

Si la relación anterior se combina con **(2.49)** y se reagrupan términos, el resultado es una expresión muy similar a la obtenida para la ecuación **(2.15)** del modelo con incertidumbre del epígrafe 2.1[21]:

$$\Delta\ln\left(C_{ih+1}\right) = \frac{1}{\rho_i}\left(\ln\beta_i + \boldsymbol{\varphi}_i'\Delta\boldsymbol{Z}_{ih+1} + \ln\left(1+r_{ih}\right)\right) + \ln\left(1+\xi_{ih+1}\right) \quad \textbf{(2.53)}$$

---

[19] Suponiendo que $E\left[\left(\dfrac{C_{ih+1}}{C_{ih}}\right)/\left(\dfrac{C^P_{ih+1}}{C^P_{ih}}\right)\right] = 1$ entonces $E\left[\xi_{ih+1}\right] = 0$.

[20] Recuérdese que la positividad del consumo está asegurada por las condiciones recogidas en la nota 3.

[21] Las únicas diferencias son que el término $\ln(1+\xi_{it})$ no está escalado por el factor $(1/\rho_i)$, su signo es el contrario y, obviamente, porque tampoco aparece el factor idiosincrásico no observable.

Llegados a este punto, debe subrayarse como a pesar de que inicialmente la incertidumbre no figuraba en el modelo, vuelve a estar presente a través de la separación entre consumo permanente y corriente. Ciertamente, sobre el término $\ln(1 + \xi_{ih+1})$ se puede aplicar también el mismo proceso que en **(2.16)**, con lo que **(2.53)** se transforma en:

$$\ln\left(\frac{C_{ih+1}}{C_{ih}}\right) = \frac{1}{\rho_i}\left[\ln(\beta_i) + \ln(1 + r_{ih}) + \varphi_i' \Delta \boldsymbol{Z}_{ih+1}\right] - \frac{1}{2}\sigma_{\xi_i}^2 + \left(\ln(1 + \xi_{ih+1}) + \frac{1}{2}\sigma_{\xi_i}^2\right) \quad \textbf{(2.54)}$$

recuperándose el término asociado al ahorro por motivos precautorios (con el signo contrario con el que figura en **(2.17)**; véase la nota 21). Integrando los elementos no observables en un único término de perturbación, se llega a la ecuación:

$$\Delta \ln\left(C_{ih+1}\right) = \alpha_{0i} + \boldsymbol{\alpha}_{1i}' \Delta \boldsymbol{Z}_{ih+1} + \alpha_{2i} \ln\left(1 + r_{ih}\right) + \varepsilon_{ih+1} \quad \textbf{(2.55)}$$

Debe remarcarse, no obstante, que para llegar a la ecuación anterior no ha sido preciso imponer la existencia de expectativas racionales, tal como ocurría con el modelo con incertidumbre. Igualmente, el nuevo término de perturbación tiene mucha menos estructura que en la ecuación **(2.18)**, ya que ahora no tenemos el factor idiosincrásico no observable siendo, consecuentemente, más simple el proceso de estimación econométrica. Por otra parte, es fundamental destacar como la ecuación **(2.55)** sigue siendo una ecuación que recoge las condiciones de optimalidad que debe cumplir el consumo corriente, no debiendo ser interpretada en ningún caso como una ecuación de comportamiento de éste. ¿Es posible ahora derivar tal ecuación de comportamiento? Sí, en la medida en que la sustitución de las condiciones de optimalidad en la restricción presupuestaria dé lugar a una función explícita del consumo; hecho que, en contraposición a lo que ocurría en el modelo **(2.1)**, es factible al no contener la nueva ecuación de Euler ningún término en esperanzas condicionales[22].

Para hacerlo, fijemos nuestra atención sobre las restricciones del problema y sustituyamos la segunda en la primera, con lo que es inmediato colegir:

$$X_{ih+1} = (1 + r_{ih})X_{ih} + Y_{ih+1} - (1 + r_{ih})C_{ih}^P \quad \textbf{(2.56)}$$

Si los tipos de interés (que son ahora los de los activos libres de riesgo) en términos reales se asumen invariantes podremos obtener la solución de la ecuación en diferencias **(2.56)** referenciada al estado terminal $T_i+1$, con lo que:

---

[22] Este hecho asegura la obtención de una forma funcional explícita para la senda óptima del consumo bajo determinadas condiciones.

$$X_{iT_i+1} = (1+r_i)^{T_i-t+1} X_{it} + \sum_{h=t}^{T_i} (1+r_i)^{T_i-h} Y_{ih+1} - (1+r_i) \sum_{h=t}^{T_i} (1+r_i)^{T_i-h} C_{ih}^P \quad \textbf{(2.57)}$$

Si evaluamos la ecuación de balance anterior en términos del valor actual neto en el período inicial t, obtendremos:

$$\frac{X_{iT_i+1}}{(1+r_i)^{T_i-t+1}} = X_{it} + \sum_{h=t}^{T_i} (1+r_i)^{t-h-1} Y_{ih+1} - \sum_{h=t}^{T_i} (1+r_i)^{t-h} C_{ih}^P \quad \textbf{(2.58)}$$

Reindexando, teniendo en cuenta que no existe renta en $T_i+1$, por lo que $Y_{iTi+1}=0$, y asumiendo que no hay transmisión de riqueza por motivo de herencias y, por ende, que $X_{iTi+1} = 0$, el valor actual neto de la restricción presupuestaria adopta la forma:

$$X_{it} + \sum_{h=t+1}^{T_i} (1+r_i)^{t-h} Y_{ih} = \sum_{h=t}^{T_i} (1+r_i)^{t-h} C_{ih}^P \quad \textbf{(2.59)}$$

Esto es, a lo largo del lapso vital de los hogares, el valor actual neto de los consumos permanentes debe igualarse al de los ingresos más la riqueza de la que disponían inicialmente. En relación con esta riqueza, nótese que hace referencia a la dotación de recursos en el momento presente t (recuérdese que es el subíndice h el usado para designar el flujo temporal). En consecuencia, para cada hogar debe ser tratado de forma paramétrica.

Recodificándola como $A_i$ para evitar confusiones, tendremos:

$$A_i + \sum_{h=t+1}^{T_i} (1+r_i)^{t-h} Y_{ih} = \sum_{h=t}^{T_i} (1+r_i)^{t-h} C_{ih}^P \quad \textbf{(2.60)}$$

Asimismo, resulta más sencillo deducir la ecuación de comportamiento si en lugar de operar sobre **(2.49)** resolvemos la ecuación en diferencias inducida por **(2.48)**. Para ello, nótese en primer lugar cómo de esta última ecuación es inmediato colegir:

$$C_{ih+1}^P = C_{ih}^P \left[ \left(\beta_i (1+r_i)\right)^{\frac{1}{\rho_i}} \cdot \exp\left\{ \rho_i^{-1} \boldsymbol{\varphi}_i' \Delta \boldsymbol{Z}_{ih+1} \right\} \right] \quad \textbf{(2.61)}$$

que es la ecuación en diferencias para el consumo. Si resolvemos recursivamente hasta el período inicial t, y usando que $\sum_{j=t}^{h-1} \Delta \boldsymbol{Z}_{ij+1} = \boldsymbol{Z}_{ih} - \boldsymbol{Z}_{it}$, se deduce:

$$C_{ih}^P = C_{it}^P \left[ \left( \frac{1+r_i}{1+\delta_i} \right)^{\frac{h-t}{\rho_i}} \cdot \exp\left\{ \left( \frac{1}{\rho_i} \right) \boldsymbol{\varphi}_i' \sum_{j=t}^{h-1} \Delta \boldsymbol{Z}_{ij+1} \right\} \right] \ \forall \ \mathrm{h} \in \{\mathrm{t},\ldots,\mathrm{T_i}\} \equiv$$

$$\equiv C_{ih}^P = C_{it}^P \left[ \left( \frac{1+r_i}{1+\delta_i} \right)^{\frac{h-t}{\rho_i}} \cdot \exp\left\{ \left( \frac{1}{\rho_i} \right) \boldsymbol{\varphi}_i' (\boldsymbol{Z}_{ih} - \boldsymbol{Z}_{it}) \right\} \right] \ \forall \ \mathrm{h} \in \{\mathrm{t},\ldots,\mathrm{T_i}\} \quad \textbf{(2.62)}$$

donde, en aras a hacer más ágil la notación, se ha efectuado la sustitución[23]:

$$\beta_i \equiv \frac{1}{1+\delta_i} \tag{2.63}$$

Si multiplicamos ambos miembros de la ecuación **(2.62)** por el factor $(1+r_i)^{t-h}$ y consideramos la suma desde el período inicial t hasta $T_i$, se concluye:

$$\sum_{h=t}^{T_i} C_{ih}^P (1+r_i)^{t-h} = \sum_{h=t}^{T_i} \left[ C_{it}^P (1+r_i)^{t-h} \left[ \left( \frac{1+r_i}{1+\delta_i} \right)^{\frac{h-t}{\rho_i}} \cdot \exp\left\{ \left( \frac{1}{\rho_i} \right) \varphi_i' (\boldsymbol{Z}_{ih} - \boldsymbol{Z}_{it}) \right\} \right] \right] \tag{2.64}$$

pudiendo salir el término $C_{it}^P$ fuera del sumatorio. El término izquierdo de la expresión anterior no es más que el valor actual neto de los consumos permanentes del hogar expresados en términos del consumo permanente del período inicial t y de las variables que actúan sobre las preferencias. Sustituyendo **(2.64)** en **(2.60)** tendremos:

$$A_i + \sum_{h=t+1}^{T_i} (1+r_i)^{t-h} Y_{ih} = C_{it}^P \sum_{h=t}^{T_i} (1+r_i)^{t-h} \left[ \left( \frac{1+r_i}{1+\delta_i} \right)^{\frac{h-t}{\rho_i}} \cdot \exp\left\{ \left( \frac{1}{\rho_i} \right) \varphi_i' (\boldsymbol{Z}_{ih} - \boldsymbol{Z}_{it}) \right\} \right] \tag{2.65}$$

Asimismo, si aplicamos el cambio siguiente:

$$\vartheta_i \equiv \sum_{h=t}^{T_i} (1+r_i)^{t-h} \left[ \left( \frac{1+r_i}{1+\delta_i} \right)^{\frac{h-t}{\rho_i}} \cdot \exp\left\{ \left( \frac{1}{\rho_i} \right) \varphi_i' (\boldsymbol{Z}_{ih} - \boldsymbol{Z}_{it}) \right\} \right] \tag{2.66}$$

que recoge el efecto de los tipos de descuento y de interés a lo largo del lapso temporal considerado, podremos rescribir **(2.65)** en la forma:

$$A_i + \sum_{h=t+1}^{T_i} (1+r_i)^{t-h} Y_i = C_{it}^P \vartheta_i \tag{2.67}$$

despejando el consumo permanente inferiremos, ahora sí, la ecuación de comportamiento de éste:

$$C_{it}^P = \frac{A_i}{\vartheta_i} + \frac{\sum_{h=t+1}^{T_i} (1+r_i)^{t-h} Y_{ih}}{\vartheta_i} \tag{2.68}$$

---

[23] Recuérdese que, por definición, $0 < \beta_i \leq 1$. En consecuencia, teniendo en cuenta **(2.63)**, se deduce fácilmente que $\delta_i \geq 0$.

La ecuación **(2.68)** define la senda óptima del consumo permanente asociada al modelo **(2.41)**[24]. ¿Cuál será la correspondiente a la del consumo corriente? La resultante de sustituir la relación **(2.50)** entre consumo corriente, permanente y transitorio. Si lo hacemos y reagrupamos términos obtenemos la ecuación de comportamiento del consumo corriente:

$$C_{it} = \frac{A_i}{\vartheta_i} + \frac{\sum_{h=t+1}^{T_i} (1+r_i)^{t-h} Y_{ih}}{\vartheta_i} + u_{it} \qquad \textbf{(2.69)}$$

No debe perderse de vista, sin embargo, que el contraste de dicho modelo debe efectuarse estimando la ecuación de Euler **(2.53)**. Sólo en el caso de no resultar rechazada por la evidencia empírica puede evaluarse la ecuación **(2.68)** para efectuar simulaciones o análisis de políticas económicas sobre el consumo permanente o bien **(2.69)** sobre el corriente[25]. Así pues, siguiendo con la línea argumental introducida al principio de la sección, la distinción entre consumo permanente y transitorio constituye una forma sutil de introducir la incertidumbre en el modelo: en lugar de actuar directamente sobre la función de utilidad, interviene en la determinación del consumo corriente.

Desde esta perspectiva, es posible conciliar el buen comportamiento aplicado de un modelo como **(2.40)** (en el sentido de que proporciona con relativa facilidad una forma funcional explícita para la senda óptima del consumo corriente que además anida múltiples variantes teóricas, tal como se describe más adelante) con el rigor microeconómico de **(2.1)**.

La expresión **(2.68)** engloba como casos particulares a la mayor parte de formulaciones sin incertidumbre que han aparecido en la literatura económica a lo largo del último medio siglo. Al margen del interés que pueda tener su derivación en el contexto de un modelo como el propuesto, es instructivo explicitar los supuestos implícitos contenidos en su formulación, tal como se describe en la sección 2.4.

Por otra parte, uno de los atractivos del modelo con incertidumbre en su formulación tradicional es su flexibilidad para incorporar analíticamente nuevas aportaciones como el racionamiento al crédito en forma de restricciones de liquidez. El modelo

---

[24] Adviértase como el numerador del segundo término de la ecuación es el valor actual neto del flujo de rentas futuras.

[25] Recuérdese que en el modelo con incertidumbre de la sección 2.1 no era posible derivar una ecuación de comportamiento para el consumo.

propuesto comparte esa flexibilidad y además añade un menor nivel de exigencias en cuanto a las hipótesis que deben introducirse para obtener las condiciones de optimalidad. Para demostrarlo, procedamos a su deducción expresando el modelo con restricciones de liquidez:

$$\underset{\{c_{ih}\}_{h=t}^{T_i}}{Max} \sum_{h=t}^{T_i} \beta_i^{(h-t)} U\left(C_{ih}^P, \boldsymbol{Z_{ih}}\right)$$

$$s.a$$

$$\begin{aligned} &X_{ih+1} = (1+r_{ih})S_{ih} + Y_{ih+1} \; \forall i \in \{1,\ldots,N\} \; \forall h \in \{t,\ldots,T_i\} \\ &S_{ih} = X_{ih} - C_{ih}^P \; \forall i \in \{1,\ldots,N\} \; \forall h \in \{t,\ldots,T_i\} \\ &S_{ih} \geq 0 \; \forall i \in \{1,\ldots,N\} \; \forall h \in \{t,\ldots,T_i\} \end{aligned} \qquad \textbf{(2.70)}$$

Sin embargo, a diferencia de lo que ocurría con el modelo **(2.41)**, ya no va a ser posible obtener una forma explícita de la ecuación de comportamiento del consumo, al ser el número de multiplicadores dinámicos superior al de las variables de control del problema (véase el apéndice). De todos modos, la obtención de las condiciones de optimalidad no es una tarea laboriosa si empleamos los resultados del apéndice acerca de las condiciones de optimalidad para un modelo de optimización dinámica estocástica en tiempo discreto y restricciones de desigualdad.

Definamos en primer lugar la función lagrangiana:

$$\mathcal{L} = \sum_{h=t}^{T_i} \Big\{ \beta_i^{(h-t)} U\left(C_{ih}^P, \boldsymbol{Z_{ih}}\right) - \beta_i^{(h-t+1)} \lambda_{ih+1} \left\{ X_{ih+1} - \left( (1+r_{ih})\left(X_{ih} - C_{ih}^P\right) + Y_{ih+1} \right) \right\} + $$
$$+ \beta_i^{(h-t)} \mu_{ih} \left( X_{ih} - C_{ih}^P \right) \Big\} \qquad \textbf{(2.71)}$$

y computemos, en segundo lugar, las condiciones de primer orden que debe satisfacer el consumo permanente:

$$\begin{cases} \dfrac{\partial U\left(C_{ih}^P, \boldsymbol{Z_{ih}}\right)}{\partial C_{ih}^P} + \beta_i \dfrac{\partial (X_{ih}(1+r_{ih}) - C_{ih}^P(1+r_{ih}) + Y_{ih+1})}{\partial C_{ih}^P} \lambda_{ih+1} + \dfrac{\partial (X_{ih} - C_{ih}^P)}{\partial C_{ih}^P} \mu_{ih} = 0 \\ \lambda_{ih} = \dfrac{\partial U\left(C_{ih}^P, \boldsymbol{Z_{ih}}\right)}{\partial X_{ih}} + \beta_i \dfrac{\partial (X_{ih}(1+r_{ih}) - C_{ih}^P(1+r_{ih}) + Y_{ih+1})}{\partial X_{ih}} \lambda_{ih+1} + \dfrac{\partial (X_{ih} - C_{ih}^P)}{\partial X_{ih}} \mu_{ih} \\ X_{ih+1} = X_{ih}(1+r_{ih}) - C_{ih}^P(1+r_{ih}) + Y_{ih+1} \\ X_{ih} - C_{ih}^P \geq 0 \\ \mu_{ih}(X_{ih} - C_{ih}^P) = 0 \\ \mu_{ih} \geq 0 \end{cases} \qquad \textbf{(2.72)}$$

Al igual que cuando no estábamos en presencia de restricciones de liquidez, una de las ventajas del modelo reformulado frente al tradicional es que, al incorporarse la incertidumbre en una segunda fase, todos los inconvenientes matemáticos ocasionados por la estructura estocástica del problema desaparecen; en concreto, la obligación de imponer expectativas racionales.

En cualquier caso, dado que en la segunda de las ecuaciones la derivada parcial de la función de utilidad respecto al nivel de recursos es nula, el sistema de ecuaciones **(2.72)** se transforma en:

$$\begin{cases} \dfrac{\partial U\left(C_{ih}^{P}, \boldsymbol{Z}_{ih}\right)}{\partial C_{ih}^{P}} = \beta_i(1+r_{ih})\lambda_{ih+1} + \mu_{ih} \\ \lambda_{ih} = \beta_i(1+r_{ih})\lambda_{ih+1} + \mu_{ih} \end{cases} \tag{2.73}$$

Si como en **(2.44)** dividimos miembro a miembro y reagrupamos términos:

$$\lambda_{ih} = \frac{\partial U\left(C_{ih}^{P}, \boldsymbol{Z}_{ih}\right)}{\partial C_{ih}^{P}} \Rightarrow \lambda_{ih+1} = \frac{\partial U\left(C_{ih+1}^{P}, \boldsymbol{Z}_{ih+1}\right)}{\partial C_{ih+1}^{P}} \tag{2.74}$$

Sustituyendo en **(2.72)** y operando algebraicamente, se llega a:

$$\frac{\partial U\left(C_{ih}^{P}, \boldsymbol{Z}_{ih}\right)}{\partial C_{ih}^{P}} = \beta_i(1+r_{ih})\frac{\partial U\left(C_{ih+1}^{P}, \boldsymbol{Z}_{ih+1}\right)}{\partial C_{ih+1}^{P}} + \mu_{ih} \tag{2.75}$$

Si, como en el modelo con incertidumbre, recodificamos el multiplicador dinámico de la restricción de liquidez de acuerdo con:

$$\mu_{ih}^{*} \equiv \frac{\mu_{ih}}{\beta_i(1+r_{ih})\dfrac{\partial U\left(C_{ih+1}^{P}, \boldsymbol{Z}_{ih+1}\right)}{\partial C_{ih+1}^{P}}} \tag{2.76}$$

y sustituimos **(2.76)** en **(2.75)**, se deduce:

$$\frac{\partial U\left(C_{ih}^{P}, \boldsymbol{Z}_{ih}\right)}{\partial C_{ih}^{P}} = \beta_i(1+r_{ih})\frac{\partial U\left(C_{ih+1}^{P}, \boldsymbol{Z}_{ih+1}\right)}{\partial C_{ih+1}^{P}} + \mu_{ih}^{*}\beta_i(1+r_{ih})\frac{\partial U\left(C_{ih+1}^{P}, \boldsymbol{Z}_{ih+1}\right)}{\partial C_{ih+1}^{P}} \Rightarrow$$

$$\Rightarrow \frac{\partial U\left(C_{ih}^{P}, \boldsymbol{Z}_{ih}\right)}{\partial C_{ih}^{P}} = \left(\beta_i(1+r_{ih})) + \mu_{ih}^{*}\beta_i(1+r_{ih})\right)\cdot\frac{\partial U\left(C_{ih+1}^{P}, \boldsymbol{Z}_{ih+1}\right)}{\partial C_{ih+1}^{P}} \tag{2.77}$$

La expresión anterior ofrece el marco general con el que definir la ecuación de Euler para el consumo permanente que ahora, dada la estructura del modelo de partida, es de carácter no estocástico.

Si postulamos una función de utilidad de tipo CRRA, la ecuación de Euler se puede rescribir como:

$$(1+\mu_{ih}^{*})\cdot\beta_i(1+r_{ih})\cdot\exp(\boldsymbol{\varphi}_i'\Delta\boldsymbol{Z}_{ih+1})\cdot\left(\frac{C_{ih+1}^{P}}{C_{ih}^{P}}\right)^{-\rho_i}=1\ \Rightarrow$$

$$\Rightarrow \ln\left(\frac{C_{ih+1}^{P}}{C_{ih}^{P}}\right)=\frac{1}{\rho_i}\left[\ln(\beta_i)+\ln(1+r_{ih})+\boldsymbol{\varphi}_i'\Delta\boldsymbol{Z}_{ih+1}+\ln(1+\mu_{ih}^{*})\right] \quad \textbf{(2.78)}$$

Por lo que respecta al consumo corriente, la formulación de la ecuación de Euler resulta de la aplicación de los mismos artificios matemáticos que los utilizados para **(2.51)**. Sustituyendo en **(2.78)**, la formulación a la que se llega difiere de **(2.54)** sólo en el multiplicador:

$$\begin{aligned}\Delta\ln\left(C_{ih+1}\right)=&\frac{1}{\rho_i}\left(\ln\beta_i+\boldsymbol{\varphi}_i'\Delta\boldsymbol{Z}_{ih+1}+\ln\left(1+r_{ih}\right)+\ln(1+\mu_{ih}^{*})\right)-\frac{1}{2}\sigma_{\xi_i}^{2}+\\&+\left(\ln(1+\xi_{ih+1})+\frac{1}{2}\sigma_{\xi_i}^{2}\right)\end{aligned} \quad \textbf{(2.79)}$$

En cualquier caso, dado el carácter no observable de dicho multiplicador dinámico y teniendo en cuenta, además, los problemas de identificación de los coeficientes individuales, así como de la varianza de $\xi_{ih}$, es necesario reestructurar **(2.79)** aplicando transformaciones idénticas a las del modelo sin restricciones de liquidez:

$$\Delta\ln\left(C_{ih+1}\right)=\alpha_{0i}+\boldsymbol{\alpha}_{1i}'\Delta\boldsymbol{Z}_{ih+1}+\alpha_{2i}\ln\left(1+r_{ih}\right)+\eta_{ih+1} \quad \textbf{(2.80)}$$

En definitiva, el tratamiento analítico de las restricciones de liquidez en el seno del modelo postulado no ofrece especiales dificultades, concretándose en una expresión equivalente a la de los modelos estándar (véase la ecuación **(2.34)**) pero sin la compleja estructura del término de perturbación de éstos. Cuestión aparte son las graves complicaciones econométricas causadas por las restricciones de liquidez por sí mismas, que exigen segmentar la muestra de acuerdo con criterios siempre discutibles, tal como se apuntó en la sección 2.2 y que inducen además mayores dificultades en el proceso de estimación y validación empírica.

## 2.4 El modelo con incertidumbre reformulado y su relación con las especificaciones clásicas de la función de consumo

Si deseamos incidir en el modo en que los modelos clásicos se incardinan en el modelo desarrollado en la sección anterior, debemos fijar nuestra atención en el término $\vartheta_i$. En esta línea, tomando como punto de partida la ecuación **(2.69)** de comportamiento del consumo corriente, supongamos que todos los componentes de $\boldsymbol{\Delta Z_{ih}}$ son nulos o, alternativamente, que lo son los coeficientes de dicho vector de factores idiosincrásicos[26].

En ese caso, tendremos que **(2.66)** se reduce a:

$$\vartheta_i \equiv \sum_{h=t}^{T_i} (1+r_i)^{t-h} \left[ \left( \frac{1+r_i}{1+\delta_i} \right)^{\frac{h-t}{\rho_i}} \right] \tag{2.81}$$

A su vez, el término de la derecha satisface:

$$\sum_{h=t}^{T_i} (1+r_i)^{t-h} \left[ \left( \frac{1+r_i}{1+\delta_i} \right)^{\frac{h-t}{\rho_i}} \right] = \sum_{h=t}^{T_i} \left( (1+r_i)^{\frac{\rho_i-1}{\rho_i}} \cdot (1+\delta_i)^{\frac{1}{\rho_i}} \right)^{t-h} \tag{2.82}$$

Esta ecuación admite ser tratada como la suma de una progresión geométrica[27] que posee $T_i - t + 1$ términos y, en consecuencia, reformularse como:

$$\vartheta_i \equiv \sum_{h=t}^{T_i} \left( (1+r_i)^{\frac{\rho_i-1}{\rho_i}} \cdot (1+\delta_i)^{\frac{1}{\rho_i}} \right)^{t-h} =$$

$$= \begin{cases} T_i - t + 1 \text{ si } r_i = \delta_i = 0 \text{ o bien } (1+r_i)^{1-\rho_i} = (1+\delta_i) \text{ con } (r_i, \delta_i) \neq (0,0) \\ \dfrac{1 - \left[ (1+r_i)^{\frac{1-\rho_i}{\rho_i}} (1+\delta_i)^{\frac{-1}{\rho_i}} \right]^{T_i - t + 1}}{1 - (1+r_i)^{\frac{1-\rho_i}{\rho_i}} (1+\delta_i)^{\frac{-1}{\rho_i}}} \quad \text{en el resto de casos} \end{cases} \tag{2.83}$$

Por otra parte, definiendo:

$$\vartheta_i^* \equiv \frac{\vartheta_i}{T_i - t + 1} \Rightarrow \vartheta_i = (T_i - t + 1)\vartheta_i^* \tag{2.84}$$

---

26 Esta suposición, si los hogares son tratados individualmente, es poco plausible *a priori*. No ocurre lo mismo si consideramos agrupaciones por hogares (en términos de cohortes, por ejemplo) puesto que ahora equivale a suponer que dentro de cada categoría los factores idiosincrásicos son invariantes.

27 Para la fórmula general de dicha suma, véase Bronshtein y Semendyayev (1998).

es inmediato establecer:

$$\vartheta_i^* = \begin{cases} 1 \text{ si } r_i = \delta_i = 0 \text{ o bien } (1+r_i)^{1-\rho_i} = (1+\delta_i) \text{ con } (r_i,\delta_i) \neq (0,0) \\ \dfrac{1 - \left[(1+r_i)^{\frac{1-\rho_i}{\rho_i}}(1+\delta_i)^{\frac{-1}{\rho_i}}\right]^{T_i-t+1}}{(T_i-t+1)\left(1-(1+r_i)^{\frac{1-\rho_i}{\rho_i}}(1+\delta_i)^{\frac{-1}{\rho_i}}\right)} \text{ en el resto de casos} \end{cases} \quad \textbf{(2.85)}$$

Utilizando la expresión **(2.84)** en **(2.68)**, la nueva ecuación para el consumo permanente será:

$$C_{it}^P = \left(\frac{A_i + \sum_{h=t+1}^{T_i}(1+r_i)^{t-h}Y_{ih}}{T_i - t + 1}\right)\cdot\frac{1}{\vartheta_i^*} \quad \textbf{(2.86)}$$

Puesto que $T_i - t + 1$ es la duración del lapso temporal considerado, la ecuación **(2.86)** postula que los hogares determinan sus decisiones de consumo promediando sus recursos totales. Asimismo, usando la terminología económica habitual, el primer término de **(2.86)** es asimilable al concepto de renta permanente[28] en t para el hogar i-ésimo (ampliada con la dotación de recursos disponibles en el momento inicial del proceso decisional). Admitiendo que la expresión definida por **(2.85)** es aproximadamente invariante y recodificando términos de acuerdo con:

$$\begin{cases} Y_{it}^P \equiv \dfrac{A_i + \sum_{h=t+1}^{T_i}(1+r_i)^{t-h}Y_{ih}}{T_i - t + 1} \\ k_i \equiv \dfrac{1}{\vartheta_i^*} \end{cases} \quad \textbf{(2.87)}$$

se llega a la conocida relación del modelo de la renta permanente de Friedman desde una perspectiva teórica distinta a la usual:

$$C_{it}^P = k_i Y_{it}^P \quad \textbf{(2.88)}$$

Recordando, por otra parte, la relación entre el consumo permanente y el consumo corriente de acuerdo con **(2.50)** y si sustituimos dicha relación en **(2.88)**:

$$C_{it} - u_{it} = k_i Y_{it}^P \Rightarrow C_{it} = k_i Y_{it}^P + u_{it} \quad \textbf{(2.89)}$$

---

[28] Para un desarrollo económico del concepto de renta permanente léase, por ejemplo, lo expuesto en Romer (2001).

La ecuación anterior, como ya se indicó, establece la relación óptima del consumo corriente. Pero ¿cuáles son ahora las condiciones necesarias de optimalidad ligadas a la misma? Para responder, sólo tenemos que emplear la formulación general de la ecuación de Euler según **(2.55)**, incorporando los supuestos de invariancia temporal para el tipo de interés real. En ese caso, tal ecuación es:

$$\Delta \ln\left(C_{ih+1}\right) = \gamma_{0i} + \varepsilon_{ih+1} \quad \textbf{(2.90)}$$

donde el parámetro $\gamma$ absorbe ahora al tipo de interés al ser éste invariante temporalmente por la hipótesis introducida.

De esta ecuación debe destacarse su correspondencia con el modelo de Hall (véase Hall (1978)) del cual no es más que una variante. En realidad, y aun cuando pueda sorprender en una primera lectura, el modelo de Hall y el modelo de la renta permanente de Friedman no son más que dos caras de la misma moneda (o del mismo modelo, si se prefiere): la ecuación de Euler el primero y la ecuación de comportamiento el segundo.

En ese sentido, si recordamos la estructura de los coeficientes en **(2.53)** y **(2.55)** así como **(2.63)**, podemos constatar cómo el término independiente de la ecuación **(2.90)** verifica:

$$\gamma_{0i} = \frac{1}{\rho_i}\ln\left(\frac{1}{1+\delta_i}\right) + \frac{1}{\rho_i}\ln\left(1+r_i\right) - \frac{1}{2}\sigma_{\xi i}^2 \Rightarrow \gamma_{0i} = \left(\ln\left(\frac{1+r_i}{1+\delta_i}\right)\right)^{\frac{1}{\rho_i}} - \frac{1}{2}\sigma_{\xi i}^2 \quad \textbf{(2.91)}$$

Profundicemos en la relación anterior. Obsérvese como el término independiente de **(2.90)** será nulo si y solo si se satisface la siguiente relación:

$$\gamma_{0i} = 0 \Leftrightarrow \left(\frac{1+r_i}{1+\delta_i}\right) = e^{\left(\frac{\rho_i \sigma_{\xi i}^2}{2}\right)} \quad \textbf{(2.92)}$$

Por otra parte, puesto que en la especificación de una función de utilidad CRRA se cumple que $\rho_i > 0$ (recuérdese la nota 8) y puesto que $\sigma_{\xi i}^2$ es no nula (excepto si impusiéramos que $\xi_{ih+1}$ es una variable aleatoria degenerada, en cuyo caso perdería sentido su tratamiento conceptual) se verifica que:

$$e^{\left(\frac{\rho_i \sigma_{\xi i}^2}{2}\right)} > 1 \Rightarrow \left(\frac{1+r_i}{1+\delta_i}\right) > 1 \Rightarrow r_i > \delta_i \quad \textbf{(2.93)}$$

La condición anterior exige, en particular, que el tipo de interés real sea mayor que la tasa de descuento intertemporal (en el supuesto de degeneración de $\xi_{ih+1}$, **(2.91)** daría lugar a que tipo de interés real y tasa de descuento intertemporal deban ser iguales). En consecuencia, bajo la condición establecida en **(2.92)**, **(2.90)** se transforma en:

$$\Delta \ln\left(C_{ih+1}\right) = \varepsilon_{ih+1} \tag{2.94}$$

Obsérvese cómo **(2.94)** constituye la contrapartida en formulación logarítmica del resultado clásico de Hall que deviene, por tanto, un caso particular del modelo general de partida **(2.41)**, obtenido bajo el conjunto de restricciones introducidas anteriormente y, adicionalmente, bajo la restricción paramétrica especialmente exigente recogida en **(2.92)**. Por otra parte, una de las implicaciones del modelo de Hall es que la variación en el consumo corriente no es predecible (Hall (1978), Deaton (1992)). Esta pretendida impredictibilidad debe ser matizada. Al respecto, no debe olvidarse que la ecuación **(2.94)** no es la relación de comportamiento del consumo: ésta sigue siendo formalmente equivalente a la ecuación **(2.89)**, con la única salvedad de que las expresiones **(2.83)**, **(2.85)** y **(2.87)** que definen el factor de propensión al consumo $k_i$ se habrán simplificado como resultado de la restricción impuesta[29] para obtener **(2.94)**.

El desarrollo anterior sirve también para esbozar la estrategia de validación empírica del modelo de la renta permanente (o cualquier otro) frente a especificaciones alternativas. Utilizando como marco de referencia una formulación generalista de la ecuación de Euler como la expresada en **(2.55)**, optar por una u otra variante del modelo supone contrastar las correspondientes hipótesis de transición desde el modelo general frente al específico.

Para el caso concreto del modelo de la renta permanente, esto significaría, entre otras cuestiones, rechazar la significación de los factores demográficos sobre la ecuación de Euler, así como asumir que la variabilidad temporal de los tipos reales de interés es insignificante. Sólo de darse un escenario como el anterior, estaría justificado proceder a evaluar **(2.89)** y estimar la propensión al consumo (véase al respecto, Pujolar (2003d)).

En relación con la ecuación de comportamiento **(2.89)** debe introducirse una última reflexión, en este caso de carácter econométrico. Supuestamente, uno de los puntos fuertes de la ecuación es su capacidad para aproximar adecuadamente la

---

[29] Recuérdese la ecuación **(2.92)**.

propensión al consumo observada (véase Hadjimatheou (1987) por ejemplo). ¿Hasta qué punto este hecho, más que una virtud, es algo inherente al propio modelo? Para pronunciarnos en un sentido u otro, démonos cuenta que **(2.89)** no puede estimarse directamente al no ser observable la renta permanente.

Soslayemos esta dificultad utilizando la conocida relación de Friedman entre renta corriente (observable) y renta permanente (Friedman (1957)):

$$Y_{ih} = Y_{ih}^{P} + y_{ih} \tag{2.95}$$

donde $y_{ih}$ es un componente transitorio no observable de carácter estocástico y esperanza matemática nula (de no ser nula, el término transitorio presentaría un componente sistemático, en contradicción con ese carácter transitorio que, por construcción, debe poseer $y_{ih}$).

Una vez sustituida **(2.95)** en **(2.89)** se tiene:

$$C_{it} = k_i Y_{it} + u_{it} - k_i y_{it} \tag{2.96}$$

Puesto que el componente transitorio es no observable, la ecuación que debe estimarse será:

$$C_{it} = k_i Y_{it} + v_{it} \tag{2.97}$$

donde $v_{it}$ es el nuevo término de perturbación con esperanza nula si los componentes transitorios del consumo y de la renta tienen a su vez esperanza nula.

Con objeto de no complicar innecesariamente la discusión con cuestiones formales de carácter econométrico (para un tratamiento completo en modelos de carácter genérico, no necesariamente relacionados con el consumo, véase Pujolar 2003b y 2003c) supongamos que la estimación de la ecuación **(2.97)** se lleva a cabo con datos de sección cruzada únicamente.

Si, por otra parte, la variabilidad de la propensión a consumir se produce entre bloques de hogares y el número de esos bloques es pequeño en relación con la dimensión espacial de la muestra disponible, entonces **(2.97)** se puede estimar de forma autónoma para cada uno de estos bloques (adviértase que, bajo este escenario, es como si tuviésemos un sistema de ecuaciones aparentemente no relacionadas con los mismos regresores en cada una de ellas) de acuerdo con:

$$C_j = k_\ell Y_j + v_j \forall j \in \{1, \ldots, N_\ell\} \tag{2.98}$$

donde $\ell$ hace referencia a un bloque particular de hogares. Por construcción, el término de perturbación no es ortogonal al regresor, por lo que la aplicación directa del estimador por mínimos cuadrados sería inconsistente. Alternativamente, puede ensayarse una estimación por variables instrumentales. Considérese un instrumento genérico $z$ que verifique:

$$\left.\begin{array}{l} E\left[z_j v_j\right]=0 \\ E\left[z_j Y_j\right]\neq 0 \end{array}\right\} \forall j \in \{1,\ldots,N_\ell\} \tag{2.99}$$

De existir el instrumento $z$, el estimador por variables instrumentales de la ecuación **(2.98)** será un estimador consistente del parámetro $k_L$ (véase, por ejemplo, Davidson (2000) para un análisis de las propiedades de los estimadores por variables instrumentales). La cuestión clave es pues determinar $z$. Pudiera creerse que la búsqueda de candidatos para la instrumentalización de $Y$ requiere sesudos análisis económicos o estadísticos, no exentos de arbitrariedad. Nada más alejado de la realidad: al no contener **(2.98)** término constante, cualquier factor numérico distinto del cero se comportará como un instrumento válido, al verificar de modo automático **(2.99)**. En concreto, si hacemos $z_j = 1\ \forall$ j tendremos:

$$\hat{k}_{\ell_{VI}} = \frac{\sum_{j=1}^{N_\ell} z_j C_j}{\sum_{j=1}^{N_\ell} z_j Y_j} = \frac{\left(\sum_{j=1}^{N_\ell} C_j\right)/N_\ell}{\left(\sum_{j=1}^{N_\ell} Y_j\right)/N_\ell} = \frac{\overline{C}_\ell}{\overline{Y}_\ell} \tag{2.100}$$

donde VI denota estimación por variables instrumentales y las barras horizontales las medias muestrales. Al margen de la facilidad en la obtención del instrumento, lo relevante de **(2.100)** es que nos está indicando que la propensión al consumo estimada necesariamente debe coincidir con la observada. En otras palabras, la supuesta virtud del modelo de renta permanente clásico no es tal; más bien es la consecuencia lógica de las sucesivas simplificaciones que han debido efectuarse hasta alcanzar su propia definición.

Pero si, de forma inherente, un modelo como el de la renta permanente siempre va a proporcionar un estimador de la propensión al consumo idéntico al observado, ¿qué sentido tiene el modelo en sí? ¿Acaso no resulta un tanto tautológico? Además, si uno de los fines perseguidos era disponer de una buena aproximación de la propensión al consumo, ¿para qué tantas sofisticaciones matemáticas si, al fin y al cabo, un sencillo cociente de medias muestrales proporciona el mismo resultado?

En rigor, el análisis efectuado no debiera hacernos olvidar que uno de los objetivos de cualquier modelo sobre consumo consiste en intentar dar una justificación con sentido económico de las decisiones de los agentes económicos. Desde esta perspectiva, ¿pueden asumirse sin más supuestos como la irrelevancia de los factores sociodemográficos o la constancia de los tipos de interés? Estos son algunos de los elementos implícitos en el modelo de la renta permanente, al menos en su formulación clásica. En otros términos, si lo primordial es describir fielmente el proceso decisional, entonces modelos excesivamente simplistas, pese a que se ajusten muy bien a ciertas regularidades empíricas, no dejarán de estar huérfanos en su fundamentación lógica. ¿Comparten de algún modo las dificultades anteriores especificaciones clásicas más sofisticadas?

Para responder, desglosemos la renta permanente definida por **(2.87)** en sus dos componentes:

$$Y_{it}^{P} \equiv \left(\frac{A_i}{T_i - t + 1}\right) + \left(\frac{\sum_{h=t+1}^{T_i} (1+r_i)^{t-h} Y_{ih}}{T_i - t + 1}\right) \qquad \textbf{(2.101)}$$

e introduzcamos las definiciones siguientes:

$$\begin{cases} W_{i0} \equiv \left(\dfrac{A_i}{T_i - t + 1}\right) \\ Y_{it}^{P^*} \equiv \left(\dfrac{\sum_{h=t+1}^{T_i} (1+r_i)^{t-h} Y_{ih}}{T_i - t + 1}\right) \end{cases} \qquad \textbf{(2.102)}$$

Esto es, el primer término no es más que la dotación de recursos inicial por período referida al origen fijo del horizonte temporal considerado, mientras que el segundo es, propiamente, el valor actual del flujo de rentas futuro imputable a cada período.

Esta matización resulta pertinente por cuanto cabe suponer que los agentes conciben su renta permanente del período de acuerdo con un esquema de expectativas adaptables en la forma:

$$Y_{it}^{P^*} - Y_{it-1}^{P^*} = (1-\lambda_i)\left(Y_{it} - Y_{it-1}^{P^*}\right) \qquad \textbf{(2.103)}$$

En relación con $\lambda_i$ debe presuponerse que, en valor absoluto, es menor que la unidad para garantizar de este modo la convergencia del proceso de ajuste. Operando algebraicamente sobre **(2.103)** se infiere:

$$Y_{it}^{P^*} = \frac{(1-\lambda_i)Y_{it}}{1-\lambda_i L} \qquad \textbf{(2.104)}$$

siendo $L$ el habitual operador de retardos.

Si sustituimos **(2.104)** y **(2.102)** en **(2.89)** y utilizando propiedades del operador de retardos, obtendremos:

$$C_{it} = k_i W_{i0}(1-\lambda_i) + (1-\lambda_i)k_i Y_{it} + \lambda_i C_{it-1} + u_{it} - \lambda_i u_{it-1} \qquad \textbf{(2.105)}$$

Conceptualmente, la expresión **(2.105)** es compatible, según el valor que adopten los coeficientes, con el modelo keynesiano del consumo, con el modelo de ciclo vital de Modigliani (véase Modigliani (1966)) y con el modelo de la renta permanente de Friedman (véase Friedman (1957)), así como con otras variantes de éstos (consúltese, por ejemplo, Modigliani (1975), Flavin (1981) o Hadjimatheou (1987)).

Sin embargo, más allá de su atractiva apariencia como matriz con la que anidar distintas especificaciones, debe tenerse en cuenta que la introducción de un esquema de ajuste dinámico genera una distorsión conceptualmente grave: en el ámbito de un programa matemático de optimización dinámica son las condiciones de optimalidad las que reflejan los procesos de ajuste, no así la ecuación de comportamiento, que se obtiene una vez que dichas relaciones han sido procesadas.

Dicho de otro modo, la ecuación **(2.105)** ya no puede interpretarse como una ecuación de comportamiento integrada en el modelo de optimización de partida, por lo que su utilización en el trabajo aplicado, en todo caso, sólo se justifica en términos empiricistas. En consecuencia, es posible deducir a partir de un modelo como el propuesto en la sección 2.3 las diferentes formulaciones clásicas del consumo. El proceso deductivo ilustra, sin embargo, cómo sólo después de imponer hipótesis muy restrictivas se está en condiciones de justificar su estructura.

## 2.5 Conclusiones

Como se desprende de la sección introductoria, los objetivos que se pretendía cubrir en este capítulo eran de carácter teórico: por una parte, reevaluar críticamente los modelos microeconómicos del consumo con incertidumbre. Por otra, desarrollar una especificación original que, preservando el rigor teórico de aquéllos, soslayara sus principales inconvenientes. Complementariamente, la elaboración de un modelo alternativo debía servir también para anidar como casos particulares los modelos clásicos de la renta permanente o del ciclo vital.

Desde el marco de referencia anterior, y en relación con el primero de los objetivos, varias son las cuestiones que es necesario resaltar:

- La mayor parte de trabajos, tanto empíricos como teóricos, hacen de la ecuación de Euler la piedra angular de todos sus análisis. Sin embargo, su utilización aplicada se ve empañada por el hecho de que en sí misma dicha ecuación recoge sólo las condiciones de optimalidad que debe satisfacer el consumo, pero no la senda de comportamiento de éste. Para dicha senda no es posible hallar, en los modelos con incertidumbre considerados, una expresión analítica explícita.

- Cuando se profundiza en la derivación de la ecuación de Euler, se constata cómo es necesario introducir una serie de hipótesis que actúan, en términos epistemológicos, como un cinturón protector de la ecuación, no siendo directamente contrastables. Así, baste citar el supuesto de expectativas racionales como instrumento necesario para obtener la especificación considerada de la ecuación o la presunción de que los errores de aproximación que deben introducirse a propósito de determinados términos de perturbación son insignificantes y sin ninguna trascendencia.

- Los diferentes modelos han sido derivados utilizando técnicas de teoría del control óptimo, basadas en la introducción de una función lagrangiana dinámica, como alternativa a la aplicación de principios de programación dinámica que exige el cálculo de la función de valor. Pese a su mayor flexibilidad y potencial, este tipo de procedimientos es aún infrecuente en Economía, sobre todo en problemas dinámicos de carácter estocástico en tiempo discreto.

• Los más que discutibles resultados obtenidos en las investigaciones empíricas al estimar ecuaciones de Euler utilizando distintos tipos de datos, en contextos también muy dispares, son una de las razones que motivaron su inmediata reelaboración; en la que se intentaron integrar ciertos aspectos, como el racionamiento del crédito, para mejorar su capacidad explicativa. Sin embargo, la introducción de restricciones de liquidez agrava aún más las dificultades asociadas a la deducción de la ecuación de Euler al provocar la necesidad de segmentar, en la formulación considerada, la muestra usada para su estimación en dos subconjuntos: el de hogares o individuos restringidos y los no restringidos.

Siendo la compleja estructura de los términos de error de las ecuaciones de Euler estocásticas, así como las hipótesis *ad hoc* necesarias para su deducción, algunos de sus principales inconvenientes, podríamos pensar en recuperar los modelos clásicos del consumo como fuente para el análisis aplicado. Si bien es cierto que su comportamiento empírico, tanto en términos micro como macro, constituye uno de sus puntos fuertes, su carácter determinista lastra su atractivo teórico al ser éste incompatible con un tratamiento formal de la incertidumbre.

Como alternativa metodológica a las aproximaciones anteriores, en la sección 2.3 se desarrolla un modelo que intenta superar los inconvenientes señalados manteniendo sus virtudes: el formalismo y rigor teórico de los modelos con incertidumbre y la simplicidad y flexibilidad de los modelos clásicos.

En relación con este segundo objetivo del capítulo, son de destacar los siguientes aspectos:

• El modelo propuesto retoma las nociones de consumo permanente y consumo transitorio para utilizarlas en un contexto diferente al original, en el que se postula que los agentes, aun cuando están interesados por el consumo corriente, sólo están en condiciones de fijar patrones decisorios para el componente permanente de ese consumo. Técnicamente, ello implica que, en una primera etapa, la formalización matemática del problema se realice en forma de un programa dinámico no estocástico en tiempo discreto.

• La especificación de un modelo como el anterior redunda en una reducción de los supuestos necesarios para derivar la ecuación de Euler. Sin embargo, en apariencia, el coste en el que se incurre es el mismo que el de los modelos clásicos: la imposibilidad de dar un tratamiento integrado de la incertidumbre.

- La limitación anterior es superada en un segundo estadio del modelo: cuando los agentes quieren relacionar consumo corriente y permanente deben hacerlo asumiendo el carácter estocástico del componente transitorio. Procediendo de esta forma, se está en condiciones de establecer una segunda ecuación de Euler, esta vez para el consumo corriente, sujeta a validación empírica.

- El modelo en dos etapas así definido constituye una matriz en la que recoger tanto las aportaciones de los modelos con incertidumbre, a propósito de la existencia de ahorro por motivos precautorios o la presencia de restricciones de liquidez, como para incorporar las teorías clásicas del consumo.

- A propósito de estas últimas, su incardinación en el modelo propuesto sirve para hacer explícitas muchas de las hipótesis que deben introducirse si se quiere justificar la utilización empírica de las especificaciones clásicas. Sin pretender ser exhaustivo, cabe citar, por su carácter especialmente restrictivo, la imposición de relaciones paramétricas específicas entre el tipo de interés real, las preferencias intertemporales, la aversión al riesgo y la volatilidad del componente transitorio, como la recogida en **(2.92)**.

En cualquier caso, el contenido del capítulo es de carácter eminentemente teórico. Ese carácter, por lo demás, se circunscribe al ámbito microeconómico, quedando abiertas para futuras investigaciones cuestiones tales como la derivación de algoritmos específicos para la resolución de problemas de optimización dinámica; las potenciales dificultades que supone pasar de la esfera microeconómica a la macroeconómica o las implicaciones econométricas vinculadas a la estimación, contrastación y validación empírica.

## 2.6 Apéndice: fundamentos de optimización dinámica estocástica en tiempo discreto

El propósito de este apéndice es ofrecer de forma sintética los principales resultados vinculados a la determinación de las condiciones necesarias de optimalidad para problemas de optimización dinámica estocástica en tiempo discreto por el método de los multiplicadores dinámicos (para una ampliación, véase Pujolar (2003a)). La práctica económica habitual en problemas estocásticos (véase, por ejemplo, Ljungqvist y Sargent (2000)) consiste en proceder a su obtención mediante la utilización de técnicas de programación dinámica, basadas en hallar la llamada función de valor de Bellman. Sin embargo, su aplicación no deja de estar sujeta a importantes limitaciones técnicas (entre otras, el hecho de que la función de valor no sea necesariamente diferenciable) que hacen de su implementación una tarea muy laboriosa.

Una excepción la constituye Chow (véase Chow (1993), (1996) y (1997)) que aboga por la técnica de los multiplicadores dinámicos de Lagrange como método de resolución, si bien bajo una serie de supuestos bastante restrictivos en términos matemáticos. En realidad, dicha técnica constituye el núcleo de la llamada teoría del control óptimo que, como generalización del cálculo de variaciones, incide en la resolución de los problemas de optimización dinámica, tanto en tiempo discreto como continuo, a partir del llamado principio del máximo de Pontryagin (véase Alekseev *et al.* (1987)). No obstante, pese a ser una técnica ampliamente generalizada para problemas de carácter no estocástico, sobre todo en el campo de la Física (véase, por ejemplo, Byron y Fuller (1992)) su aplicación en problemas estocásticos de carácter general es relativamente reciente (véase Yong y Zhou (1999), Hernández-Lerma y Lasserre (1999)), especialmente en tiempo discreto. Aun cuando en la mayoría de los casos los problemas de optimización dinámica (tanto en tiempo discreto como continuo, y ya sean deterministas como estocásticos) no poseen solución analítica y deben ser resueltos por procedimientos de carácter numérico (véase Kushner y Dupuis (2001)), normalmente las condiciones necesarias de optimalidad son de fácil obtención en problemas económicos.

El interés que en Economía pueda tener el conocimiento de tales condiciones es resultado de que éstas, bajo determinadas circunstancias, se pueden expresar en forma de ecuaciones en las que aparecen sólo las variables de estado y de control del problema. A su vez, una ecuación de esta naturaleza, denominada ecuación de Euler, es susceptible de ser estimada y sujeta a validación empírica en el análisis econométrico. Esto es lo que explica la popularización del término en muchos trabajos aplicados, pese a que a menudo aparece completamente despojado de los referentes matemáticos de los que surge.

A continuación, se desglosan bajo supuestos mucho más generales que los de Chow las condiciones necesarias de optimalidad (que bajo ciertas hipótesis son también suficientes) para un problema de maximización dinámica estocástica en tiempo discreto (para un tratamiento más formalizado, véase Pujolar (2003a)). En concreto, y a diferencia de Chow, en lugar de procesos estocásticos idéntica e independientemente distribuidos se considera una estructura markoviana de carácter vectorial. Por otra parte, en Chow (véase Chow (1997), por ejemplo) el componente estocástico actúa sólo sobre la ecuación de movimiento de las variables de estado de la forma más simple posible: es aditivamente separable de la función de recurrencias **g** (véase **(2.106)** para su definición).

En contraposición, en los resultados que se adjuntan no sólo se admite que intervenga directamente sobre la función de recurrencias **g**, sino que también lo haga sobre la función objetivo. Finalmente, se contempla la existencia de p restricciones en forma de desigualdad. Como referente de partida considero un problema (con unas condiciones iniciales preestablecidas y un horizonte temporal T finito y conocido) definido por[30]:

$$\begin{aligned}
&\underset{\{\mathbf{u}_t\}_{t=0}^{T-1}}{Max}\; E\left[\left(\sum_{t=0}^{T-1}\left(\beta^t f\left(\mathbf{x}_t,\mathbf{u}_t,\mathbf{s}_t\right)\right)+\beta^T G(\mathbf{x}_T)\right)\middle|\,\mathbf{\Omega}_0\right]\\
&s.a\\
&\left.\begin{array}{l}\mathbf{x}_{t+1}=\mathbf{g}\left(\mathbf{x}_t,\mathbf{u}_t,\mathbf{s}_{t+1}\right)\\ \mathbf{h}\left(\mathbf{x}_t,\mathbf{u}_t,\mathbf{s}_t\right)\geq\mathbf{0}\end{array}\right\}\forall t\in\{0,\ldots,T-1\}\\
&\mathbf{x}_0=\mathbf{x}^*\\
&\mathbf{s}_0=\mathbf{s}^*
\end{aligned}\qquad\textbf{(2.106)}$$

donde:

$\mathbf{\Omega}_0$ designa al conjunto de información disponible en el período inicial.

$\beta$ es un factor de descuento intertemporal ($0 < \beta \leq 1$).

---

[30] Para facilitar su aplicación en problemas económicos, se considera una función objetivo con factor de descuento. En ausencia de dicho factor, los resultados que se obtienen son equivalentes a los presentados. Los símbolos en negrita denotan vectores o matrices, según sea el caso.

$\mathbf{u}_t$ es un vector n-dimensional de variables de control en el instante t-ésimo.

$\mathbf{x}_t$ es un vector m-dimensional de variables de estado en el instante t-ésimo.

$\{\mathbf{s}_t\}$ es un proceso vectorial markoviano $\ell$–dimensional de orden 1 definido sobre un espacio de estados $\mathbb{R}^{\ell}$ medible. El interés de considerar procesos markovianos radica en que buena parte de los procesos empleados en economía son susceptibles de ser representados[31] como procesos markovianos de orden 1.

$f$ es una función de m+n+$\ell$ variables sobre $\mathbb{R}$ para cada período.

**g** es una función vectorial sobre $\mathbb{R}^m$ de m+n+$\ell$ variables para cada período.

**h** es una función vectorial sobre $\mathbb{R}^p$ de m+n+$\ell$ variables para cada instante temporal. Define p restricciones de desigualdad en **(2.106)**.

$G(\mathbf{x}_T)$: función de m variables sobre $\mathbb{R}$ que expresa el valor del sistema en el período final del horizonte temporal considerado.

$\mathbf{x}^*$, $\mathbf{s}^*$: condiciones iniciales del sistema, que se suponen dadas en t = 0.

Definamos la función lagrangiana dinámica como:

$$\begin{aligned}\mathcal{L} &\equiv \mathcal{L}(\mathbf{x}_1 \ldots \mathbf{x}_T, \mathbf{u}_0 \ldots \mathbf{u}_{T-1}, \boldsymbol{\lambda}_1 \ldots \boldsymbol{\lambda}_T, \boldsymbol{\mu}_0 \ldots \boldsymbol{\mu}_{T-1}) = \\ &= \sum_{t=0}^{T-1} E_0\Big[\Big\{\beta^t f(\mathbf{x}_t, \mathbf{u}_t, \mathbf{s}_t) - \beta^{t+1}\boldsymbol{\lambda}'_{t+1}\big(\mathbf{x}_{t+1} - \mathbf{g}(\mathbf{x}_t, \mathbf{u}_t, \mathbf{s}_{t+1})\big) + \\ &+ \beta^t \boldsymbol{\mu}'_t \mathbf{h}(\mathbf{x}_t, \mathbf{u}_t, \mathbf{s}_t)\Big\}\Big] + E_0\left[\beta^T G(\mathbf{x}_T)\right] \qquad \mathbf{(2.107)}\end{aligned}$$

[31] Así, por ejemplo, un proceso ARMA(1,1) puede ser representado como (véase Taniguchi y Kakizawa (2000)):

$$\begin{bmatrix} y_t \\ \varepsilon_t \end{bmatrix} = \begin{bmatrix} a & b \\ 0 & 0 \end{bmatrix} \begin{bmatrix} y_{t-1} \\ \varepsilon_{t-1} \end{bmatrix} + \begin{bmatrix} \varepsilon_t \\ \varepsilon_t \end{bmatrix} \equiv \mathbf{s}_t = \mathbf{H}\mathbf{s}_{t-1} + \mathbf{w}_t \quad \forall t \geq 1$$

donde $\mathbf{w}_t$ es un proceso vectorial de carácter estocástico independiente e idénticamente distribuido a lo largo del tiempo y **H** la matriz de coeficientes asociada a la expresión. Para un tratamiento riguroso de los procesos markovianos, véase Rogers y Williams (2000).

siendo $\boldsymbol{\lambda}$ un vector m-dimensional de multiplicadores dinámicos de Lagrange vinculados a las restricciones de igualdad, $\boldsymbol{\mu}$ un vector p-dimensional de multiplicadores dinámicos de Lagrange asociados a las restricciones de desigualdad y denotándose la transposición de un vector o una matriz por el símbolo '.

Es posible demostrar que, bajo ciertas condiciones de existencia (que el conjunto factible sea compacto; esto es, cerrado y acotado, y que la función objetivo sea continua en sus argumentos), de convexidad y concavidad (que el conjunto factible sea convexo y que las funciones $f$ y $G$ sean cóncavas), de regularidad de las restricciones así como de mesurabilidad del vector de variables de control, las condiciones de primer orden y complementariedad son necesarias y suficientes para la obtención de un máximo global. Bajo condiciones adicionales de concavidad estricta en las variables pertinentes, dicho máximo será además único.[32]

Analíticamente, si adoptamos los convenios notacionales siguientes:

$$\frac{\partial \mathbf{g}'(\mathbf{x}_t,\mathbf{u}_t)}{\partial \mathbf{u}_t} \equiv \begin{bmatrix} \frac{\delta \mathbf{g}_1(\mathbf{x}_t,\mathbf{u}_t)}{\delta u_{t1}} & \cdots & \frac{\delta \mathbf{g}_m(\mathbf{x}_t,\mathbf{u}_t)}{\delta u_{t1}} \\ \vdots & \ddots & \vdots \\ \frac{\delta \mathbf{g}_1(\mathbf{x}_t,\mathbf{u}_t)}{\delta u_{tn}} & \cdots & \frac{\delta \mathbf{g}_m(\mathbf{x}_t,\mathbf{u}_t)}{\delta u_{tn}} \end{bmatrix}$$

$$\frac{\partial \mathbf{g}'(\mathbf{x}_t,\mathbf{u}_t)}{\partial \mathbf{x}_t} \equiv \begin{bmatrix} \frac{\delta \mathbf{g}_1(\mathbf{x}_t,\mathbf{u}_t)}{\delta x_{t1}} & \cdots & \frac{\delta \mathbf{g}_m(\mathbf{x}_t,\mathbf{u}_t)}{\delta x_{t1}} \\ \vdots & \ddots & \vdots \\ \frac{\delta \mathbf{g}_1(\mathbf{x}_t,\mathbf{u}_t)}{\delta x_{tm}} & \cdots & \frac{\delta \mathbf{g}_m(\mathbf{x}_t,\mathbf{u}_t)}{\delta x_{tm}} \end{bmatrix}$$

$$\frac{\partial \mathbf{h}'(\mathbf{x}_t,\mathbf{u}_t)}{\partial \mathbf{u}_t} \equiv \begin{bmatrix} \frac{\delta \mathbf{h}_1(\mathbf{x}_t,\mathbf{u}_t)}{\delta u_{t1}} & \cdots & \frac{\delta \mathbf{h}_p(\mathbf{x}_t,\mathbf{u}_t)}{\delta u_{t1}} \\ \vdots & \ddots & \vdots \\ \frac{\delta \mathbf{h}_1(\mathbf{x}_t,\mathbf{u}_t)}{\delta u_{tn}} & \cdots & \frac{\delta \mathbf{h}_p(\mathbf{x}_t,\mathbf{u}_t)}{\delta u_{tn}} \end{bmatrix}$$

$$\frac{\partial \mathbf{h}'(\mathbf{x}_t,\mathbf{u}_t)}{\partial \mathbf{x}_t} \equiv \begin{bmatrix} \frac{\delta \mathbf{h}_1(\mathbf{x}_t,\mathbf{u}_t)}{\delta x_{t1}} & \cdots & \frac{\delta \mathbf{h}_p(\mathbf{x}_t,\mathbf{u}_t)}{\delta x_{t1}} \\ \vdots & \ddots & \vdots \\ \frac{\delta \mathbf{h}_1(\mathbf{x}_t,\mathbf{u}_t)}{\delta x_{tm}} & \cdots & \frac{\delta \mathbf{h}_p(\mathbf{x}_t,\mathbf{u}_t)}{\delta x_{tm}} \end{bmatrix} \qquad \textbf{(2.108)}$$

[32] Véase Hernández-Lerma y Lasserre (1999).

las condiciones de primer orden resultantes de la aplicación del método de Lagrange (véase Pujolar (2003a) para el caso discreto, Yong y Zhou (1999) para el continuo) vienen dadas por[33]:

$$\begin{cases} \dfrac{\partial \mathcal{L}}{\partial \mathbf{u}_t} = \mathbf{0} \Leftrightarrow \beta^t \dfrac{\partial f(\mathbf{x}_t,\mathbf{u}_t,\mathbf{s}_t)}{\partial \mathbf{u}_t} + \beta^{t+1}\mathbf{E}_t\left[\dfrac{\partial \mathbf{g}'(\mathbf{x}_t,\mathbf{u}_t,\mathbf{s}_{t+1})}{\partial \mathbf{u}_t}\boldsymbol{\lambda}_{t+1}\right] + \\ \qquad + \beta^t \dfrac{\partial \mathbf{h}'(\mathbf{x}_t,\mathbf{u}_t,\mathbf{s}_t)}{\partial \mathbf{u}_t}\boldsymbol{\mu}_t = \mathbf{0} \forall t \in \{0,\dots,T-1\} \\ \dfrac{\partial \mathcal{L}}{\partial \mathbf{x}_t} = \mathbf{0} \Leftrightarrow \beta^t \dfrac{\partial f(\mathbf{x}_t,\mathbf{u}_t,\mathbf{s}_t)}{\partial \mathbf{x}_t} + \beta^{t+1}\mathbf{E}_t\left[\dfrac{\partial \mathbf{g}'(\mathbf{x}_t,\mathbf{u}_t,\mathbf{s}_{t+1})}{\partial \mathbf{x}_t}\boldsymbol{\lambda}_{t+1}\right] + \\ \qquad + \beta^t \dfrac{\partial \mathbf{h}'(\mathbf{x}_t,\mathbf{u}_t,\mathbf{s}_t)}{\partial \mathbf{x}_t}\boldsymbol{\mu}_t - \beta^t\boldsymbol{\lambda}_t = \mathbf{0} \forall t \in \{1,\dots,T-1\} \\ \dfrac{\partial \mathcal{L}}{\partial \boldsymbol{\lambda}_{t+1}} = \mathbf{0} \Leftrightarrow -\beta^{t+1}\left(\mathbf{x}_{t+1} - \mathbf{g}(\mathbf{x}_t,\mathbf{u}_t,\mathbf{s}_{t+1})\right) = \mathbf{0} \forall t \in \{0,\dots,T-1\} \\ \dfrac{\partial \mathcal{L}}{\partial \boldsymbol{\mu}_t} \geq \mathbf{0} \Leftrightarrow \beta^t\mathbf{h}(\mathbf{x}_t,\mathbf{u}_t,\mathbf{s}_t) \geq \mathbf{0} \forall t \in \{0,\dots,T-1\} \\ \boldsymbol{\mu}_t \odot \dfrac{\partial \mathcal{L}}{\partial \boldsymbol{\mu}_t} = 0 \Leftrightarrow \boldsymbol{\mu}_t \odot \left(\beta^t\mathbf{h}(\mathbf{x}_t,\mathbf{u}_t,\mathbf{s}_t)\right) = \mathbf{0} \forall t \in \{0,\dots,T-1\} \\ \boldsymbol{\mu}_t \geq \mathbf{0} \forall t \in \{0,\dots,T-1\} \\ \dfrac{\partial \mathcal{L}}{\partial \mathbf{x}_T} = \mathbf{0} \Leftrightarrow \beta^T \dfrac{\mathbf{d}G(\mathbf{x}_T)}{\mathbf{dx}_T} - \beta^T\boldsymbol{\lambda}_T = \mathbf{0} \end{cases} \qquad \textbf{(2.109)}$$

Simplificando y reagrupando términos, se tiene:[34]

[33] Nótese que la aplicación del método requiere que las funciones $f$, $G$, $\mathbf{g}$ y $\mathbf{h}$ sean de clase $C^{(1)}$; esto es, que sus primeras derivadas parciales existan y sean continuas respecto a las variables de control y estado. Asimismo, al estar fijado $\mathbf{x}_0$, las derivadas parciales de $\mathcal{L}$ respecto del vector $\mathbf{x}_t$ se inician en t = 1.

[34] Si la restricción en desigualdad estuviese como ≤ el multiplicador $\boldsymbol{\mu}_t$ debería satisfacer $\boldsymbol{\mu}_t \leq \mathbf{0}$. Por otra parte, si el signo con el que aparece dicho multiplicador en la función lagrangiana fuese – entonces, para restricciones en la forma ≥ se requeriría que $\boldsymbol{\mu}_t \leq \mathbf{0}$ mientras que, para las que están como ≤, se exigiría que $\boldsymbol{\mu}_t \geq \mathbf{0}$.

$$\begin{cases} \dfrac{\partial f(\mathbf{x}_t,\mathbf{u}_t,\mathbf{s}_t)}{\partial \mathbf{u}_t} + \beta \mathbf{E}_t\left[\dfrac{\partial \mathbf{g}'(\mathbf{x}_t,\mathbf{u}_t,\mathbf{s}_{t+1})}{\partial \mathbf{u}_t}\boldsymbol{\lambda}_{t+1}\right] + \dfrac{\partial \mathbf{h}'(\mathbf{x}_t,\mathbf{u}_t,\mathbf{s}_t)}{\partial \mathbf{u}_t}\boldsymbol{\mu}_t = \mathbf{0}\ \forall t \in \{0,\ldots,T-1\} \\ \boldsymbol{\lambda}_t = \dfrac{\partial f(\mathbf{x}_t,\mathbf{u}_t,\mathbf{s}_t)}{\partial \mathbf{x}_t} + \beta \mathbf{E}_t\left[\dfrac{\partial \mathbf{g}'(\mathbf{x}_t,\mathbf{u}_t,\mathbf{s}_{t+1})}{\partial \mathbf{x}_t}\boldsymbol{\lambda}_{t+1}\right] + \dfrac{\partial \mathbf{h}'(\mathbf{x}_t,\mathbf{u}_t,\mathbf{s}_t)}{\partial \mathbf{x}_t}\boldsymbol{\mu}_t\ \forall t \in \{1,\ldots,T-1\} \\ \mathbf{x}_{t+1} = \mathbf{g}(\mathbf{x}_t,\mathbf{u}_t,\mathbf{s}_{t+1})\ \forall t \in \{0,\ldots,T-1\} \\ \mathbf{h}(\mathbf{x}_t,\mathbf{u}_t,\mathbf{s}_t) \geq \mathbf{0}\ \forall t \in \{0,\ldots,T-1\} \\ \boldsymbol{\mu}_t \odot \mathbf{h}(\mathbf{x}_t,\mathbf{u}_t,\mathbf{s}_t) = \mathbf{0}\ \forall t \in \{0,\ldots,T-1\} \\ \boldsymbol{\mu}_t \geq \mathbf{0}\ \forall t \in \{0,\ldots,T-1\} \\ \dfrac{\mathbf{d}G(\mathbf{x}_T)}{\mathbf{d}\mathbf{x}_T} = \boldsymbol{\lambda}_T \end{cases} \quad \textbf{(2.110)}$$

donde $\odot$ designa el producto de Hadamard (o producto elemento a elemento de vectores o matrices de igual dimensión; véase Horn y Johnson (1991)), verificándose, para cada restricción, que el correspondiente componente de $\boldsymbol{\mu}_t = \mathbf{0}$ si la restricción no está saturada y $\boldsymbol{\mu}_t \geq 0$ caso de estarlo.

En relación con las condiciones de optimalidad anteriores, adviértase cómo la elección de las variables de control es de carácter secuencial. Así pues, en el instante t-ésimo, la información relevante para el vector de controles $\mathbf{u}_t$ comprende tanto la contenida en el conjunto $\boldsymbol{\Omega}_0$ como la vinculada a los vectores de estado hasta dicho instante y al valor observado $\mathbf{s}_t$ del proceso markoviano $\{\mathbf{s}_t\}$. Esta es la razón por la que en **(2.109)** y **(2.110)** los operadores de esperanza condicional están evaluados en t y no en el período inicial. Asimismo, la última condición de **(2.109)** y **(2.110)**, relativa a la función $G(\mathbf{x}_T)$, debe suprimirse en aquellas situaciones en las que sobre el problema se fije una condición final para el estado $\mathbf{x}_T$. Dicha condición, que se expresa en forma de una restricción de igualdad sobre $\mathbf{x}_T$ (por ejemplo, imponiendo que $\mathbf{x}_T$ sea igual a cero, tal como sucede en los problemas sobre el consumo) implica que $\mathbf{x}_T$ deje de ser una variable de decisión del problema para convertirse en un dato de éste; de ahí la supresión de la correspondiente condición de optimalidad.

Al igual que ocurre con los problemas dinámicos de carácter determinista (véase Alekseev *et al.* (1987)) las condiciones de optimalidad anteriores pueden reescribirse en términos de la función hamiltoniana y, por ende, formular el principio del máximo de Pontryagin para el caso estocástico. Veámoslo, definiendo en primer lugar la función hamiltoniana, también llamada hamiltoniano, como:

$$H(\mathbf{x}_t,\mathbf{u}_t,\mathbf{s}_t,\mathbf{s}_{t+1}) \equiv \beta^t f(\mathbf{x}_t,\mathbf{u}_t,\mathbf{s}_t) + \beta^{t+1}\boldsymbol{\lambda}'_{t+1}\mathbf{g}(\mathbf{x}_t,\mathbf{u}_t,\mathbf{s}_{t+1}) + \\ + \beta^t \boldsymbol{\mu}'_t \mathbf{h}(\mathbf{x}_t,\mathbf{u}_t,\mathbf{s}_t)\ \forall t \in \{0,\ldots,T-1\} \quad \textbf{(2.111)}$$

puesto que, siendo *f*, **g** y **h** funciones de clase $C^{(1)}$ en $\mathbf{x}_t$ y $\mathbf{u}_t$, tendremos:

$$\begin{cases} \mathbf{E}_t\left[\dfrac{\partial H(\mathbf{x}_t,\mathbf{u}_t,\mathbf{s}_t,\mathbf{s}_{t+1})}{\partial \mathbf{u}_t}\right] = \beta^t \dfrac{\partial f(\mathbf{x}_t,\mathbf{u}_t,\mathbf{s}_t)}{\partial \mathbf{u}_t} + \beta^{t+1}\mathbf{E}_t\left[\dfrac{\partial \mathbf{g}'(\mathbf{x}_t,\mathbf{u}_t,\mathbf{s}_{t+1})}{\partial \mathbf{u}_t}\boldsymbol{\lambda}_{t+1}\right] + \\ \qquad + \beta^t \dfrac{\partial \mathbf{h}'(\mathbf{x}_t,\mathbf{u}_t,\mathbf{s}_t)}{\partial \mathbf{u}_t}\boldsymbol{\mu}_t \forall t \in \{0,\ldots,T-1\} \\ \mathbf{E}_t\left[\dfrac{\partial H(\mathbf{x}_t,\mathbf{u}_t,\mathbf{s}_t,\mathbf{s}_{t+1})}{\partial \mathbf{x}_t}\right] = \beta^t \dfrac{\partial f(\mathbf{x}_t,\mathbf{u}_t,\mathbf{s}_t)}{\partial \mathbf{x}_t} + \beta^{t+1}\mathbf{E}_t\left[\dfrac{\partial \mathbf{g}'(\mathbf{x}_t,\mathbf{u}_t,\mathbf{s}_{t+1})}{\partial \mathbf{x}_t}\boldsymbol{\lambda}_{t+1}\right] + \\ \qquad + \beta^t \dfrac{\partial \mathbf{h}'(\mathbf{x}_t,\mathbf{u}_t,\mathbf{s}_t)}{\partial \mathbf{x}_t}\boldsymbol{\mu}_t \forall t \in \{1,\ldots,T-1\} \end{cases} \quad \textbf{(2.112)}$$

Utilizando **(2.112)** en **(2.109)**, reordenando elementos y teniendo en cuenta que la elección de $\mathbf{u}_t$ se efectúa condicionada a la información disponible en t, las condiciones de optimalidad pueden expresarse en términos del hamiltoniano como:

$$\begin{cases} \mathbf{E}_t\left[\dfrac{\partial H(\mathbf{x}_t,\mathbf{u}_t,\mathbf{s}_t,\mathbf{s}_{t+1})}{\partial \mathbf{u}_t}\right] = \mathbf{0} \ \forall t \in \{0,\ldots,T-1\} \\ \mathbf{E}_t\left[\dfrac{\partial H(\mathbf{x}_t,\mathbf{u}_t,\mathbf{s}_t,\mathbf{s}_{t+1})}{\partial \mathbf{x}_t}\right] = \beta^t \boldsymbol{\lambda}_t \ \forall t \in \{1,\ldots,T-1\} \\ \mathbf{x}_{t+1} = \mathbf{g}(\mathbf{x}_t,\mathbf{u}_t,\mathbf{s}_{t+1}) \ \forall t \in \{0,\ldots,T-1\} \\ \mathbf{h}(\mathbf{x}_t,\mathbf{u}_t,\mathbf{s}_t) \geq \mathbf{0} \ \forall t \in \{0,\ldots,T-1\} \\ \boldsymbol{\mu}_t \odot \mathbf{h}(\mathbf{x}_t,\mathbf{u}_t,\mathbf{s}_t) = \mathbf{0} \ \forall t \in \{0,\ldots,T-1\} \\ \boldsymbol{\mu}_t \geq \mathbf{0} \ \forall t \in \{0,\ldots,T-1\} \\ \dfrac{\mathbf{d}G(\mathbf{x}_T)}{\mathbf{d}\mathbf{x}_T} = \boldsymbol{\lambda}_T \end{cases} \quad \textbf{(2.113)}$$

Dichas condiciones constituyen una forma de expresar el principio del máximo de Pontryagin en problemas de optimización dinámica estocástica en tiempo discreto (véase Pujolar (2003a) para una demostración formal). Recuperando **(2.106)** como formulación básica, ésta admite diversas variantes. Entre otras, por su aplicabilidad inmediata a los problemas económicos tratados a lo largo del capítulo, cabe señalar que, en ausencia de restricciones de desigualdad, el problema se reduce a:

$$\begin{aligned} &\underset{\{\mathbf{u}_t\}_{t=0}^{T-1}}{Max} \ E\left[\left(\sum_{t=0}^{T-1}\left(\beta^t f(\mathbf{x}_t,\mathbf{u}_t,\mathbf{s}_t)\right) + \beta^T G(\mathbf{x}_T)\right) \middle| \boldsymbol{\Omega}_0\right] \\ &s.a \\ &\mathbf{x}_{t+1} = \mathbf{g}(\mathbf{x}_t,\mathbf{u}_t,\mathbf{s}_{t+1}) \forall t \in \{0,\ldots,T-1\} \\ &\mathbf{x}_0 = \mathbf{x}^* \\ &\mathbf{s}_0 = \mathbf{s}^* \end{aligned} \quad \textbf{(2.114)}$$

y las condiciones de primer orden se obtienen como un caso particular de **(2.109)**:

$$\begin{cases} \dfrac{\partial f(\mathbf{x}_t,\mathbf{u}_t,\mathbf{s}_t)}{\partial \mathbf{u}_t} + \beta \mathbf{E}_t\left[\dfrac{\partial \mathbf{g}'(\mathbf{x}_t,\mathbf{u}_t,\mathbf{s}_{t+1})}{\partial \mathbf{u}_t}\boldsymbol{\lambda}_{t+1}\right] = \mathbf{0}\ \forall t \in \{0,\ldots,T-1\} \\ \boldsymbol{\lambda}_t = \dfrac{\partial f(\mathbf{x}_t,\mathbf{u}_t,\mathbf{s}_t)}{\partial \mathbf{x}_t} + \beta \mathbf{E}_t\left[\dfrac{\partial \mathbf{g}'(\mathbf{x}_t,\mathbf{u}_t,\mathbf{s}_{t+1})}{\partial \mathbf{x}_t}\boldsymbol{\lambda}_{t+1}\right] \forall t \in \{1,\ldots,T-1\} \\ \mathbf{x}_{t+1} = \mathbf{g}(\mathbf{x}_t,\mathbf{u}_t,\mathbf{s}_{t+1})\ \forall t \in \{0,\ldots,T-1\} \\ \dfrac{\mathbf{d}G(\mathbf{x}_T)}{\mathbf{d}\mathbf{x}_T} = \boldsymbol{\lambda}_T \end{cases} \qquad \textbf{(2.115)}$$

De estar interesados en expresar las condiciones de primer orden en términos de las variables de control y de estado únicamente, es preciso utilizar las dos primeras ecuaciones vectoriales de la expresión anterior para obtener una ecuación también vectorial del comportamiento del multiplicador y luego sustituirla en la primera de ellas[35]. En tal caso, la ecuación vectorial resultante, que no contendrá a los vectores de multiplicadores dinámicos, es la llamada ecuación de Euler.

Asimismo, para su aplicación sobre problemas dinámicos de naturaleza determinista, en los que ya no está presente el componente markoviano, basta tener en cuenta que el operador de esperanzas condicionales debe omitirse, con lo que la estructura resultante será: [36]

$$\begin{aligned} &\underset{\{\mathbf{u}_t\}_{t=0}^{T-1}}{Max} \sum_{t=0}^{T-1}\left(\beta^t f(\mathbf{x}_t,\mathbf{u}_t)\right) + \beta^T G(\mathbf{x}_T) \\ &s.a \\ &\left.\begin{aligned}\mathbf{x}_{t+1} &= \mathbf{g}(\mathbf{x}_t,\mathbf{u}_t) \\ \mathbf{h}(\mathbf{x}_t,\mathbf{u}_t) &\geq \mathbf{0}\end{aligned}\right\} \forall t \in \{0,\ldots,T-1\} \\ &\mathbf{x}_0 = \mathbf{x}^* \end{aligned} \qquad \textbf{(2.116)}$$

siendo ahora las condiciones de optimalidad:

---

[35] Para que resulte factible debe verificarse que el número de variables de control sea igual al de variables de estado; esto es, que m = n, debiendo verificarse además la no singularidad de la matriz que deba invertirse.

[36] El caso en el que no haya restricciones en desigualdad se deduce inmediatamente a partir de **(2.115)**

$$\begin{cases} \dfrac{\partial f(\mathbf{x}_t,\mathbf{u}_t)}{\partial \mathbf{u}_t} + \beta \dfrac{\partial \mathbf{g}'(\mathbf{x}_t,\mathbf{u}_t)}{\partial \mathbf{u}_t} \boldsymbol{\lambda}_{t+1} + \dfrac{\partial \mathbf{h}'(\mathbf{x}_t,\mathbf{u}_t)}{\partial \mathbf{u}_t} \boldsymbol{\mu}_t = \mathbf{0} \ \forall t \in \{0,\ldots,T-1\} \\ \boldsymbol{\lambda}_t = \dfrac{\partial f(\mathbf{x}_t,\mathbf{u}_t)}{\partial \mathbf{x}_t} + \beta \dfrac{\partial \mathbf{g}'(\mathbf{x}_t,\mathbf{u}_t)}{\partial \mathbf{x}_t} \boldsymbol{\lambda}_{t+1} + \dfrac{\partial \mathbf{h}'(\mathbf{x}_t,\mathbf{u}_t)}{\partial \mathbf{x}_t} \boldsymbol{\mu}_t \ \forall t \in \{1,\ldots,T-1\} \\ \mathbf{x}_{t+1} = \mathbf{g}(\mathbf{x}_t,\mathbf{u}_t) \ \forall t \in \{0,\ldots,T-1\} \\ \mathbf{h}(\mathbf{x}_t,\mathbf{u}_t) \geq \mathbf{0} \ \forall t \in \{0,\ldots,T-1\} \\ \boldsymbol{\mu}_t \odot \mathbf{h}(\mathbf{x}_t,\mathbf{u}_t) = \mathbf{0} \ \forall t \in \{0,\ldots,T-1\} \\ \boldsymbol{\mu}_t \geq \mathbf{0} \ \forall t \in \{0,\ldots,T-1\} \\ \dfrac{\mathbf{d}G(\mathbf{x}_T)}{\mathbf{d}\mathbf{x}_T} = \boldsymbol{\lambda}_T \end{cases} \quad \textbf{(2.117)}$$

La utilización de los resultados anteriores en los problemas de consumo es inmediata: en todos los casos, tenemos una única variable de control (el consumo) y una variable de estado (los recursos del hogar). En consecuencia, las ecuaciones de primer orden no tendrán carácter vectorial, sino escalar. Por otra parte, el papel de $\{\mathbf{s}_t\}$ lo desempeña un proceso univariante, designado como $V_t$, que actúa sólo sobre la función objetivo (recuérdese el modelo con incertidumbre **(2.1)**). Los factores restantes como los tipos de interés, los ingresos o las variables sociodemográficas intervienen exógenamente en el modelo de consumo. A su vez, las restricciones de desigualdad presentes se limitan a una única: la restricción de liquidez, con una estructura muy sencilla en relación con la de **(2.106)**, ya que se define en términos lineales (véase el modelo definido a partir de **(2.21)**). El horizonte de optimización, por su parte, es de carácter finito, por lo que se requiere una condición de finalización. Bajo el supuesto de que no hay transmisión de la riqueza familiar por motivos de herencia, dicha condición equivale a exigir que al desaparecer el hogar su riqueza acumulada sea nula; en términos económicos, que haya sido consumida en su totalidad. Así pues, $\mathbf{x}_T = \mathbf{0}$ y, en consecuencia, el valor terminal del sistema queda determinado por $G(\mathbf{0})$, por lo que, al quedar fijado el estado terminal, la correspondiente condición de optimalidad no formará parte de las condiciones de primer orden. Finalmente, el modelo para el consumo permanente se simplifica todavía más, al tener un carácter determinista equivalente a **(2.116)** (véanse los modelos **(2.41)** y **(2.70)**).

# 3. ESTRUCTURA DEL GASTO Y CURVAS DE ENGEL

El análisis de los sistemas de demanda constituye una de las áreas de la teoría económica en las que las interrelaciones entre procedimientos de carácter empírico y desarrollos teóricos son más profundas. En este sentido, la divergencia que a menudo se constata entre las especificaciones dictadas por la experiencia y los modelos postulados en un determinado marco teórico, encuentra en los sistemas de ecuaciones de gasto una excepción: desarrollos con un alto nivel de formalización hallan soporte empírico y, en justa correspondencia, las intuiciones apuntadas por el análisis de los datos se ven refrendadas por desarrollos microeconómicos (véase Blundell (1988), Pollak y Wales (1992), Lewbel (1999) o Costa (2001) a modo de recopilación y síntesis de los principales resultados de la literatura).

A su vez, esta interrelación entre supuestos teóricos y resultados empíricos constituye el punto de partida para el diseño y elaboración de simulaciones sobre la evolución de las pautas de gasto que, entre otros hechos, permitan anticipar ajustes de política económica tendentes a reducir posibles desequilibrios futuros. En términos estrictamente económicos, los sistemas de demanda proporcionan una vía para disponer de estimaciones de las elasticidades de sustitución respecto a precios o gasto, así como para evaluar el efecto de factores sociodemográficos o de otras variables sobre la demanda de bienes y servicios (véase Blundell *et al.* (1993), Fisher *et al.* (2001) y Nicol (2001) para la caracterización de las implicaciones que sobre política económica tiene la estimación de sistemas de demanda; así como Labeaga y López (1996) y Pujolar (2003d) para el caso español).

Aun cuando los referentes teóricos sobre los que se apoyan los sistemas de demanda están firmemente asentados en la larga tradición económica que los precede (véase Gorman (1983), Lewbel (1987), (1989) y Banks *et al.* (1997)), determinadas cuestiones, como la incardinación de las variables sociodemográficas en el sustrato teórico de los modelos, las interrelaciones entre éstos y las especificaciones sobre el consumo de la sección anterior o las reformulaciones inducidas por el trabajo aplicado, requieren una discusión en profundidad.

Para ello, a lo largo del capítulo se efectúa una revisión rigurosa en términos matemáticos de resultados que aparecen desperdigados por diferentes fuentes, complementándolos con aportaciones personales. Asimismo, se introduce un mecanismo original para fundamentar teóricamente las especificaciones usualmente empleadas en el trabajo empírico para las curvas de Engel con datos de sección cruzada. En cada caso, se examinan las implicaciones que sobre el análisis empírico tienen algunos de los resultados teóricos, discutiéndose las matizaciones y refinamientos que deben introducirse para posibilitar su aplicación con el menor número de supuestos apriorísticos.

En función de estos planteamientos, el punto de arranque del capítulo lo constituye el análisis de las interconexiones entre el nivel de consumo que los hogares han fijado como óptimo y el modo en que se distribuye para satisfacer su demanda de bienes y servicios. Las reflexiones introducidas a propósito de tales relaciones dan pie, por otra parte, a que nos interroguemos acerca del peso que cabe atribuir a los condicionantes socioeconómicos en la determinación de las elasticidades de los diferentes bienes. La idea implícita es que, a semejanza de lo que ocurre con los modelos del capítulo anterior, son estos factores los que, por encima de otras consideraciones económicas, influyen de forma más decisiva en los sistemas de gasto, influencia que cobra mayor protagonismo cuando se utilizan datos de sección cruzada para su estimación.

Reconocer este hecho tiene consecuencias evidentes sobre la práctica empírica, puesto que los supuestos de homogeneidad por hogares de las elasticidades-gasto deben ser sometidos a riguroso contraste. Más concretamente, explorar la presencia de posibles pautas de heterogeneidad espacial, entre agrupaciones de hogares, es una tarea que no puede obviarse (para una fundamentación metodológica, relacionada con la aplicación de técnicas de clasificación espacial, véase Pujolar (2003b)) para no incurrir en simplificaciones poco realistas de la estructura de demanda y, por ende, en la estimación inconsistente de las elasticidades.

Estos, y otros elementos de carácter similar, son los que constituyen el eje central del capítulo, que aparece estructurado en cinco grandes bloques. En el primero de los mismos, se examinan las relaciones que es posible establecer entre sistemas de gasto y modelos de determinación del consumo. Asimismo, se efectúa una revisión teórica en clave microeconómica de los sistemas de demanda propiamente dichos, caracterizándose teóricamente las ecuaciones que los definen. Se trata de curvas de

Engel en las que como variables explicativas figuran tanto el propio gasto (con los consiguientes problemas de sesgo de simultaneidad que ello puede provocar sobre los estimadores) como variables de tipo sociodemográfico.

La sección 3.2 trata de las estrategias vinculadas con la obtención de formas funcionales para las curvas de Engel que sean compatibles con un sistema de preferencias genérico y que, simultáneamente, no presupongan una determinada forma funcional para la función de utilidad. Conceptos como los de dualidad o de funciones de utilidad indirecta se revelan fundamentales en la tarea.

En el epígrafe 3.3 se analizan las condiciones bajo las cuales relaciones semilogarítmicas de carácter cuadrático se comportan como formas funcionales flexibles, en el sentido de aproximar localmente formulaciones genéricas de la función de utilidad. Se constata además su potencialidad para ser empleadas en el trabajo aplicado, al anidar como casos particulares a un amplio espectro de especificaciones, que son susceptibles de ser contrastadas a través de la imposición de restricciones sobre los coeficientes del modelo semilogarítmico.

Por su parte, en el bloque 3.4 se examinan los procedimientos que pueden aplicarse para integrar y modelizar las variables de carácter sociodemográfico salvaguardando la coherencia teórica con los sistemas de preferencias introducidos previamente. Ante la disyuntiva de hacerlo mediante el uso de los llamados factores de escala o a través de los coeficientes del sistema de demanda, se justifica la preferencia por esta segunda opción. Cuando se intenta derivar la curva de Engel así ampliada, se comprueba cómo la aproximación que se realiza habitualmente presenta importantes limitaciones, ya sea por la introducción de procedimientos *ad hoc* ya sea por la sobreparametrización a que da lugar. Como alternativa, se desarrolla una variante original que posibilita la obtención de una forma funcional con unas propiedades satisfactorias tanto desde un punto de vista teórico como aplicado, apropiada en un contexto en el que se opere con datos longitudinales. Cierra el capítulo una sección final en la que se desgranan las principales conclusiones que se derivan de la exposición efectuada.

## 3.1 Niveles de consumo y distribución del gasto

A pesar de la larga tradición con la que cuenta la investigación en el área de los sistemas de demanda, en la literatura especializada no suele insistirse en el modo en que se interrelacionan, formalmente, las decisiones de los hogares relativas a la determinación de su nivel óptimo de consumo y las que hacen referencia a la distribución de ese consumo entre los distintos bienes y servicios.

Admitiendo que los agentes económicos establecen en un período determinado su senda óptima de consumo resolviendo un problema de maximización dinámica estocástica como el introducido en el capítulo 2, ya sea según[37]:

$$\begin{aligned} &\underset{\{c_{ih}\}_{h=t}^{T_i}}{Max}\, E\left[\sum_{h=t}^{T_i} \beta_i^{(h-t)} U\left(C_{ih}, \boldsymbol{Z}_{\boldsymbol{ih}}, V_{ih}\right) \middle| \Omega_{it}\right] \\ &s.a \\ &X_{ih+1} = (1+r_{ih})S_{ih} + Y_{ih+1}\ \forall i \in \{1,\dots,N\}\ \forall h \in \{t,\dots,T_i\} \\ &S_{ih} = X_{ih} - C_{ih}\ \forall i \in \{1,\dots,N\}\ \forall h \in \{t,\dots,T_i\} \end{aligned} \qquad \textbf{(3.1)}$$

o ya sea de acuerdo con el modelo en dos etapas de la sección 2.3, cabe preguntarse por la forma de relacionar el problema anterior con las decisiones sobre la distribución del gasto. Toda vez que para ese nivel óptimo los hogares ya han descontado sus expectativas intertemporales y la incertidumbre, la distribución de la cuantía destinada al consumo en el instante presente entre los diferentes componentes de su cesta de bienes y servicios puede ser concebida en términos de un problema clásico de maximización estática de carácter determinista, de acuerdo con **(3.2)**[38]:

$$\begin{aligned} &\underset{\boldsymbol{q}_i}{Max}\ v\left(\boldsymbol{q}_i, \boldsymbol{z}_i\right) \\ &s.a \\ &\boldsymbol{p}_i' \boldsymbol{q}_i \le x_i \\ &\boldsymbol{q}_i \in \mathbb{R}_+^G \end{aligned} \qquad \textbf{(3.2)}$$

donde:

> $x_i$: nivel de gasto para el hogar i-ésimo. Es pues el nivel óptimo de consumo establecido para el período actual, definido a través de **(3.1)**.

---

[37] La simbología empleada es la misma que la utilizada en el capítulo 2.

[38] El lector interesado en determinar cuáles son los vínculos entre el sistema de preferencias apropiado para describir la conducta de los consumidores y su función de utilidad puede consultar Varian (1992).

$v(\boldsymbol{q}_i, z_i)$: función de utilidad del hogar i-ésimo[39].

$\boldsymbol{q}_i$: vector G-dimensional de cantidades de bienes y/o servicios consumidos por el hogar i-ésimo (el total de bienes y servicios se designa por $G$). En consecuencia, los componentes de dicho vector deben ser no negativos. De ahí la restricción de pertenencia al espacio $\mathbb{R}_+^G$.

$z_i$: vector m-dimensional de características sociodemográficas para el hogar i-ésimo. La introducción en forma explícita de un vector de variables sociodemográficas como argumento de la función de utilidad es indispensable para asegurar la coherencia del modelo teórico con las especificaciones empíricas que se estiman habitualmente cuando se dispone de datos de sección cruzada. En cualquier caso, al actuar de forma exógena al problema de maximización, su inclusión no redunda en una alteración de la estructura de las condiciones de optimalidad esbozadas habitualmente en la literatura teórica especializada, que no suele incorporar dichas variables pese a su relevancia empírica.

$\boldsymbol{p}_i$: vector G-dimensional de precios para el hogar i-ésimo. Habitualmente, la literatura microeconómica acostumbra a considerar que todos los consumidores se enfrentan a los mismos precios para un determinado producto o servicio.

No obstante, tal supuesto es demasiado restrictivo en términos empíricos si tenemos en cuenta que en una sociedad de mercado se producen por parte de las empresas agresivas políticas de diferenciación en precios que hacen que, en cada momento, coexistan ofertas diferenciadas para distintos segmentos de la población con distintos niveles de renta. De ahí que resulte apropiado distinguir entre colectivos de hogares de acuerdo con el segmento de precios al que se enfrentan.

Teniendo en cuenta además que la cesta de consumo de cada hogar se compone de G elementos y que pueden coexistir conductas por las cuales un hogar se posicione en un determinado segmento de precios para ciertos bienes, pero en otro distinto para el resto, establecer *a priori* un

---

[39] La función de utilidad (también denominada en este contexto utilidad directa) debe ser una función continua y diferenciable en sus argumentos; estrictamente cuasicóncava en $\boldsymbol{q}$, no decreciente en $\boldsymbol{q}$ pero estrictamente creciente en al menos uno de los componentes de $\boldsymbol{q}$. Consúltese Diewert (1982) para una justificación.

vector de precios específico por hogares debe entenderse como una forma de admitir la máxima generalidad posible de comportamientos.

En el otro extremo, de existir homogeneidad perfecta, dicho vector sería invariante entre hogares. De todos modos, como se verá más adelante, el análisis empírico corrobora la existencia de colectivos de hogares con rasgos específicos. Este hecho, por otra parte, introduce la necesidad de plantear estimaciones econométricas con variabilidad espacial en los coeficientes (véase Pujolar (2003b)).

En relación con el problema **(3.2)**, resulta inmediato definir la denominada función indirecta de utilidad[40] como el valor maximizado de la función de utilidad introducida en **(3.2)**, condicionada a unos determinados precios, nivel de gasto y características sociodemográficas; de acuerdo con:

$$\Psi(\boldsymbol{p}_i,\boldsymbol{z}_i,x_i)=\begin{cases}\underset{\boldsymbol{q}_i}{Max}\; v(\boldsymbol{q}_i,\boldsymbol{z}_i)\\ s.a\\ \boldsymbol{p}_i'\boldsymbol{q}_i\le x_i\\ \boldsymbol{q}_i\in\mathbb{R}_+^G\end{cases}\qquad\textbf{(3.3)}$$

Nótese que, al ser el conjunto presupuestario factible cerrado y acotado -y, por tanto, compacto- y la función de utilidad continua, el problema posee solución por aplicación directa del teorema de Weierstrass (véase Apostol (1974)). Por otra parte, dada la convexidad del conjunto factible y siendo la función de utilidad estrictamente cuasicóncava, dicha solución constituye un máximo global estricto (véase Bazaraa *et al.* (1993) y Avriel (2003) para una discusión de los fundamentos matemáticos).

Asimismo, si las preferencias de los consumidores verifican el supuesto de insaciabilidad local, la restricción presupuestaria se cumplirá en forma de igualdad. Si además la utilidad es una función diferenciable y la solución es interior, entonces la resolución del problema no requiere considerar más que el lagrangiano en lugar de las condiciones de Karush-Kuhn-Tucker (véase Madden (1986)). Procediendo de este modo, a partir de las condiciones de primer orden asociadas con el problema **(3.2)** es posible derivar las correspondientes funciones de demanda marshalliana:

---

40 La utilidad indirecta es una función continua, homogénea de grado 0 conjuntamente en $\boldsymbol{p}$ y en $x$, cuasiconvexa y no creciente en $\boldsymbol{p}$, siendo estrictamente decreciente en al menos un componente de $\boldsymbol{p}$ y no decreciente en $x$. Bajo condiciones adicionales de regularidad es asimismo diferenciable en $\boldsymbol{p}$ y $x$. Véase Deaton y Muellbauer (1980a) para una exposición de estas propiedades.

$$\left.\frac{\delta v(\boldsymbol{q}_i,\boldsymbol{z}_i)}{\delta q_{ij}} - \lambda p_{ij} = 0\right\} \Rightarrow q_{ij} = g_j(\boldsymbol{p}_i,\boldsymbol{z}_i,x_i)\ \forall j \in \{1,\dots,G\} \qquad (3.4)$$

donde:

El subíndice j hace referencia al bien de tipo j-ésimo, con $j \in \{1,\dots,G\}$.

$\lambda$: multiplicador de Lagrange asociado a la restricción del problema de maximización.

$g_j(\boldsymbol{p}_i, z_i, x_i)$: función de demanda marshalliana del hogar i-ésimo para el bien de tipo j-ésimo.

$q_{ij}$: cantidad demandada del bien j-ésimo en el hogar i-ésimo.

A su vez, parametrizando **(3.4)** en términos del vector de precios, se obtiene la correspondiente ecuación de Engel, que proporciona la relación entre el nivel de gasto y la demanda de cada bien a precios constantes. Esto es, para el bien j-ésimo la curva de Engel del hogar i-ésimo viene dada por:

$$q_{ij} \equiv g_j^*(\boldsymbol{z}_i,x_i)\ \forall j \in \{1,\dots,G\} \qquad (3.5)$$

Si la ecuación anterior se normaliza en términos de $x_i$ para indicar la proporción del presupuesto familiar del hogar i-ésimo destinada al bien j-ésimo tendremos:

$$w_{ij} \equiv \frac{p_{ij}q_{ij}}{x_i}\ \forall j \in \{1,\dots,G\} \qquad (3.6)$$

En cualquier caso, es de remarcar cómo, para dicho problema, la función de utilidad que describe las preferencias para el consumo de uno u otro tipo de bien no tiene en ningún modo por qué coincidir con la introducida en **(3.1)**, al tratarse de decisiones distintas y un sistema de preferencias específico. Así pues, con el razonamiento anterior se está en condiciones de integrar secuencialmente ambos procesos decisionales, conciliándose la naturaleza dinámica de **(3.1)** con el carácter estático de **(3.2)**, tal como aparece ilustrado por el gráfico **3.1**. Pese a todo, el problema **(3.2)** tal como está formulado no constituye (véase, por ejemplo, Deaton y Muellbauer (1980a)) el instrumento adecuado para inferir especificaciones para el gasto susceptibles de ser estimadas econométricamente puesto que, excepto para los casos más sencillos, no resulta factible derivar una forma funcional explícita de la ecuación de Engel, partiendo de una función de utilidad dada. Para ello, es necesario efectuar una reparametrización en términos de su dual asociado, según se describe en el apartado siguiente.

## Gráfico 3.1: consumo óptimo y su distribución óptima

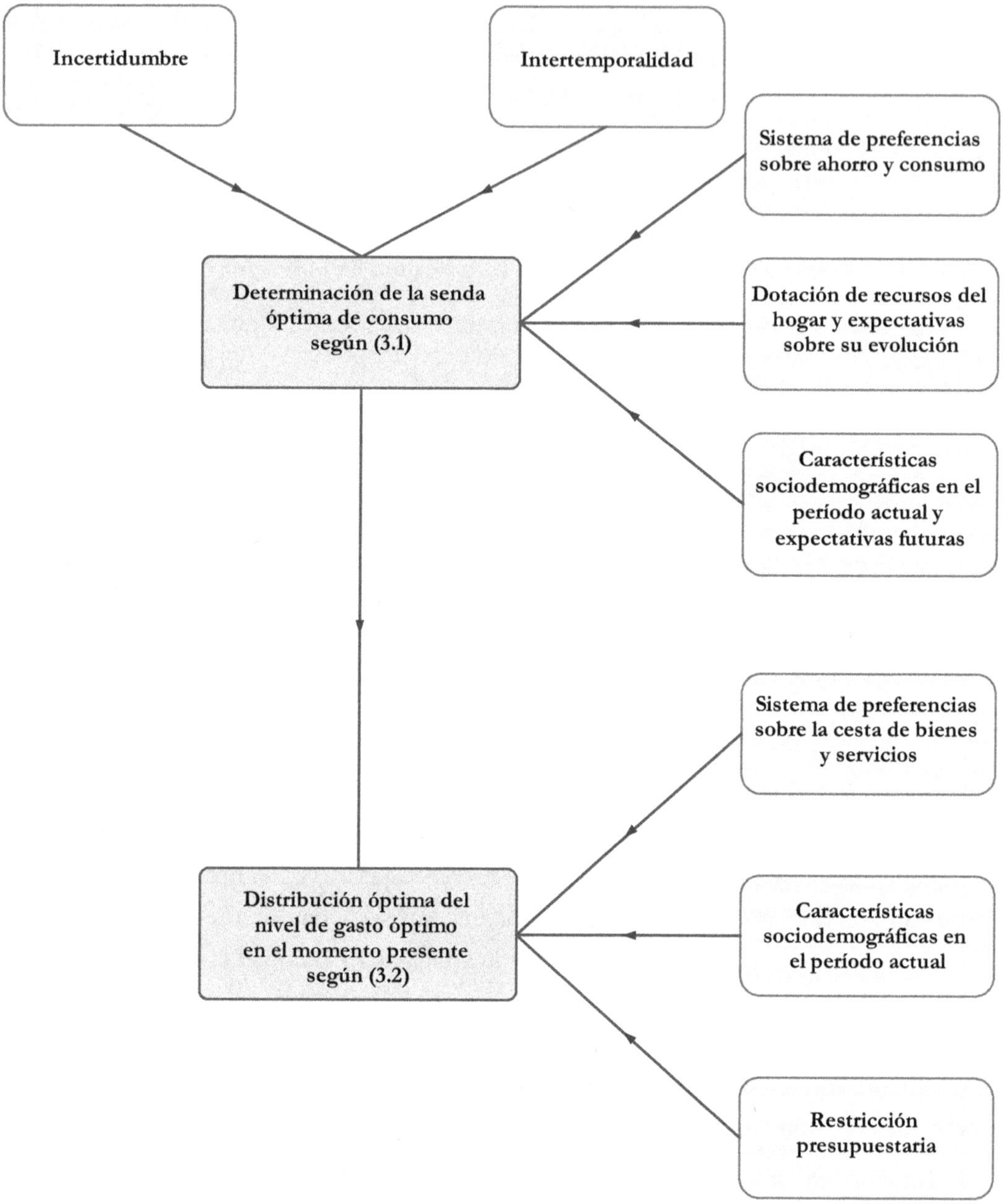

## 3.2 Dualidad, funciones de utilidad indirecta y curvas de Engel

Metodológicamente, una aproximación alternativa a la anterior viene dada por un enfoque finalista: fijar como referente teórico una forma funcional con suficiente generalidad y flexibilidad para adaptarse a las singularidades empíricas y, al mismo tiempo, ser compatible con un sistema de preferencias de los agentes económicos equivalente al recogido por **(3.2)**.

Para ello, el punto de partida lo constituye el problema dual asociado a **(3.2)**:

$$\begin{aligned} &\underset{q_i}{Min}\ \boldsymbol{p}_i'\boldsymbol{q}_i \\ &s.a \\ &v(\boldsymbol{q}_i, \boldsymbol{z}_i) \geq v \\ &\boldsymbol{q}_i \in \mathbb{R}_+^G \end{aligned} \qquad \textbf{(3.7)}$$

con relación al cual es inmediato definir, de forma análoga a la función indirecta de utilidad, la llamada función de gasto o de costes, que proporciona el coste mínimo vinculado a un cierto nivel $v_i$ de utilidad deseado:

$$c(\boldsymbol{p}_i, \boldsymbol{z}_i, v_i) = \begin{cases} \underset{q_i}{Min}\ \boldsymbol{p}_i'\boldsymbol{q}_i \\ s.a \\ v(\boldsymbol{q}_i, \boldsymbol{z}_i) \geq v_i \\ \boldsymbol{q}_i \in \mathbb{R}_+^G \end{cases} \qquad \textbf{(3.8)}$$

La función de costes[41] proporciona el coste mínimo necesario para alcanzar un determinado nivel de utilidad $v_i$. Analíticamente, al ser $x_i$ el presupuesto total destinado a consumo y $v_i$ el nivel de utilidad alcanzado por el hogar para unos precios dados, sus características demográficas y dicho presupuesto, el coste mínimo necesario para alcanzar ese nivel de utilidad coincide con $x_i$.

$$c(\boldsymbol{p}_i, \boldsymbol{z}_i, v_i) = x_i \qquad \textbf{(3.9)}$$

La importancia empírica de la función de costes se apoya en dos resultados bien conocidos de la teoría del consumidor (ver Barten y Bhöm (1982), por ejemplo): el denominado teorema de la dualidad de Shephard-Uzawa y el lema de Shephard. El

[41] La función de costes es una función continua, homogénea de grado 1, no decreciente y cóncava en $\boldsymbol{p}$, y no decreciente en $v$. Bajo condiciones adicionales de regularidad es asimismo diferenciable. Véase Diewert (1982) para su deducción.

primero de ellos establece la equivalencia entre la determinación de la cesta óptima de consumo mediante el problema primal **(3.2)** y su dual **(3.7)**.

Por su parte, el lema de Shephard relaciona las condiciones de primer orden del dual con las funciones de demanda hicksiana, de acuerdo con:

$$h_j(\boldsymbol{p}_i,\boldsymbol{z}_i,v_i)=q_{ij}\ \forall j\in\{1,\ldots,G\}$$
$$\text{siendo } h_j(\boldsymbol{p}_i,\boldsymbol{z}_i,v_i)\equiv\frac{\delta c(\boldsymbol{p}_i,\boldsymbol{z}_i,v_i)}{\delta p_{ij}} \quad \textbf{(3.10)}$$

donde $h_j(\boldsymbol{p}_i,\boldsymbol{z}_i,v_i)$ es la llamada demanda hicksiana (o compensada) del hogar i-ésimo para el bien j-ésimo; indica cuál es la demanda del bien j-ésimo correspondiente a la cesta de consumo de coste mínimo que permite alcanzar un determinado nivel de utilidad fijado como objetivo. Pese a no ser observable, al establecer un vínculo con las demandas marshallianas y, por ende, con las curvas de Engel, posibilita desarrollar un procedimiento con aplicaciones inmediatas en el trabajo empírico.

Para ello, tomando como punto de partida la especificación de una función de demanda marshalliana (estimable en sus parámetros a partir de magnitudes observables), es posible, bajo ciertas condiciones (las determinadas por el teorema de la dualidad de Shephard-Uzawa), obtener una función de costes que, a su vez, está en relación directa con una determinada función de utilidad y, por lo tanto, con un sistema de preferencias.

Matemáticamente, el paso de una función de demanda marshalliana a la función de costes supone combinar **(3.4)** con **(3.9)** y **(3.10)** de acuerdo con el siguiente esquema:

$$\left.\begin{array}{l}\text{Fijar } q_{ij}\overset{(3.4)}{=}g_j(\boldsymbol{p}_i,\boldsymbol{z}_i,x_i)\\ \text{Emplear}\begin{cases}h_j(\boldsymbol{p}_i,\boldsymbol{z}_i,v_i)\overset{(3.10)}{=}q_{ij}\\ c(\boldsymbol{p}_i,\boldsymbol{z}_i,v_i)\overset{(3.9)}{=}x_i\\ h_j(\boldsymbol{p}_i,\boldsymbol{z}_i,v_i)\overset{(3.10)}{\equiv}\dfrac{\delta c(\boldsymbol{p}_i,\boldsymbol{z}_i,v_i)}{\delta p_{ij}}\end{cases}\end{array}\right\}\Rightarrow\frac{\delta c(\boldsymbol{p}_i,\boldsymbol{z}_i,v_i)}{\delta p_{ij}}=g_j\left(\boldsymbol{p}_i,\boldsymbol{z}_i,c(\boldsymbol{p}_i,\boldsymbol{z}_i,v_i)\right) \quad \textbf{(3.11)}$$

La existencia de solución en términos de $c(\boldsymbol{p}_i,\boldsymbol{z}_i,v_i)$ del sistema de ecuaciones diferenciales inducido por **(3.11)** asegura la correspondencia entre la función marshalliana de partida y el sistema de preferencias recogido por la función de utilidad directa a través de la función de costes. En términos económicos: la totalidad de la información contenida en la función de utilidad como instrumento de representación del sistema de preferencias de los hogares, así como de su racionalidad, está codificada en la función de costes.

Nótese, en cualquier caso, que en todo el proceso es crucial que la función de demanda marshalliana postulada en el análisis empírico tenga unas propiedades tales que aseguren que el sistema diferencial posea solución. Técnicamente, dichas propiedades se conocen como condiciones de integrabilidad (véase Diewert (1971), así como Hurwicz y Uzawa (1971), para una derivación) y, bajo las restantes condiciones de regularidad, están en correspondencia con las condiciones de simetría y de semidefinidad negativa que debe verificar la matriz de Slutsky[42] (véase Diewert (1982)). Alternativamente, otro procedimiento equivalente[43] al anterior se basa en usar la identidad de Roy:

$$g_j(\boldsymbol{p}_i, \boldsymbol{z}_i, x_i) = -\frac{\dfrac{\delta\Psi(\boldsymbol{p}_i, \boldsymbol{z}_i, x_i)}{\delta \boldsymbol{p}_{ij}}}{\dfrac{\delta\Psi(\boldsymbol{p}_i, \boldsymbol{z}_i, x_i)}{\delta x_i}} \; \forall j \in \{1, \ldots, G\} \qquad \textbf{(3.12)}$$

de modo que, tomando como punto de partida la especificación de una función de utilidad indirecta que verifique las condiciones apropiadas para asegurar su vinculación con una función de utilidad directa, las demandas marshallianas se obtienen mediante la aplicación de **(3.12)**.

No obstante, puesto que el trabajo empírico se efectúa habitualmente postulando una curva de Engel determinada, y al ser esta una reparametrización de la función de demanda marshalliana, resulta matemáticamente más apropiado emplear una forma normalizada del lema de Shephard o de la identidad de Roy para establecer el nexo con la función de utilidad directa. Formalmente, denotando $w_{ij}$ como en **(3.6)** la proporción del presupuesto familiar del hogar i-ésimo en el bien j-ésimo, tendremos:

- Lema de Shephard normalizado y ampliado con un vector de variables sociodemográficas:

---

[42] La matriz cuyos elementos son las derivadas parciales de las funciones de demanda hicksiana respecto a los precios. Para una exposición de las condiciones de regularidad, véanse Diewert (1971) y Hurwicz y Uzawa (1971).

[43] Véase Deaton (1986) para una justificación.

$$w_{ij} = \frac{\delta \ln c(\boldsymbol{p}_i, \boldsymbol{z}_i, v_i)}{\delta \ln p_{ij}} \; \forall j \in \{1,\ldots,G\} \tag{3.13}$$

- Identidad de Roy normalizada y ampliada con un vector de variables sociodemográficas:

$$w_{ij} = \frac{\dfrac{\delta \Psi^*(r_{ij}, \boldsymbol{z}_i^*)}{\delta \ln r_{ij}}}{\sum_{k=1}^{G} \left( \dfrac{\delta \Psi^*(r_{ij}, \boldsymbol{z}_i^*)}{\delta \ln r_{ik}} \right)} \; \forall j \in \{1,\ldots,G\} \tag{3.14}$$

donde los términos normalizados vienen dados por:

$$\begin{cases} r_{ij} \equiv \dfrac{p_{ij}}{x_i} \; \forall j \in \{1,\ldots,G\} \\ \boldsymbol{z}_i^* \equiv \dfrac{\boldsymbol{z}_i}{x_i} \end{cases} \tag{3.15}$$

La demostración de los resultados anteriores, por su importancia para la derivación de las correspondientes curvas de Engel, resulta un ejercicio inexcusable, sobre todo teniendo en cuenta que en la mayoría de las referencias de la literatura no figuran de forma expresa o, caso de aparecer, no incorporan explícitamente las variables sociodemográficas.

Empezando con el lema de Shephard normalizado, si combinamos las ecuaciones **(3.4)** y **(3.11)** se obtiene:

$$\frac{\delta c(\boldsymbol{p}_i, \boldsymbol{z}_i, v_i)}{\delta p_{ij}} = q_{ij} \Rightarrow \frac{p_{ij}}{c(\boldsymbol{p}_i, \boldsymbol{z}_i, v_i)} \cdot \frac{\delta c(\boldsymbol{p}_i, \boldsymbol{z}_i, v_i)}{\delta p_{ij}} = \frac{p_{ij} q_{ij}}{c(\boldsymbol{p}_i, \boldsymbol{z}_i, v_i)} \; \forall j \in \{1,\ldots,G\} \tag{3.16}$$

Sustituyendo **(3.9)** en **(3.16)** y utilizando la equivalencia **(3.6)**, podemos reescribir la expresión anterior como:

$$w_{ij} = \frac{p_{ij}}{c(\boldsymbol{p}_i, \boldsymbol{z}_i, v_i)} \cdot \frac{\delta c(\boldsymbol{p}_i, \boldsymbol{z}_i, v_i)}{\delta p_{ij}} \; \forall j \in \{1,\ldots,G\} \tag{3.17}$$

Por otra parte, teniendo en cuenta la regla de la cadena para la derivación de la función compuesta, se establece fácilmente que:

$$\left.\begin{array}{l}\dfrac{\delta \ln c(\boldsymbol{p}_i,\boldsymbol{z}_i,v_i)}{\delta \ln p_{ij}}=\dfrac{\delta \ln c(\boldsymbol{p}_i,\boldsymbol{z}_i,v_i)}{\delta p_{ij}}\cdot\dfrac{\delta p_{ij}}{\delta \ln p_{ij}}\\ \dfrac{\delta \ln c(\boldsymbol{p}_i,\boldsymbol{z}_i,v_i)}{\delta p_{ij}}=\dfrac{1}{c(\boldsymbol{p}_i,\boldsymbol{z}_i,v_i)}\cdot\dfrac{\delta c(\boldsymbol{p}_i,\boldsymbol{z}_i,v_i)}{\delta p_{ij}}\\ \dfrac{\delta p_{ij}}{\delta \ln p_{ij}}\equiv\dfrac{\delta e^{\ln p_{ij}}}{\delta \ln p_{ij}}=p_{ij}\end{array}\right\}\forall j\in\{1,\ldots,G\} \tag{3.18}$$

Sustituyendo la segunda y tercera de las relaciones en la primera, se obtiene:

$$\frac{\delta \ln c(\boldsymbol{p}_i,\boldsymbol{z}_i,v_i)}{\delta \ln p_{ij}}=\frac{p_{ij}}{c(\boldsymbol{p}_i,\boldsymbol{z}_i,v_i)}\cdot\frac{\delta c(\boldsymbol{p}_i,\boldsymbol{z}_i,v_i)}{\delta p_{ij}}\forall j\in\{1,\ldots,G\} \tag{3.19}$$

Finalmente, nótese cómo empleando simultáneamente **(3.17)** y **(3.19)**:

$$\left.\begin{array}{r}w_{ij}\overset{(3.17)}{=}\dfrac{p_{ij}}{c(\boldsymbol{p}_i,\boldsymbol{z}_i,v_i)}\cdot\dfrac{\delta c(\boldsymbol{p}_i,\boldsymbol{z}_i,v_i)}{\delta p_{ij}}\\ \dfrac{\delta \ln c(\boldsymbol{p}_i,\boldsymbol{z}_i,v_i)}{\delta \ln p_{ij}}\overset{(3.19)}{=}\dfrac{p_{ij}}{c(\boldsymbol{p}_i,\boldsymbol{z}_i,v_i)}\cdot\dfrac{\delta c(\boldsymbol{p}_i,\boldsymbol{z}_i,v_i)}{\delta p_{ij}}\end{array}\right\}\Rightarrow w_{ij}=\frac{\delta \ln c(\boldsymbol{p}_i,\boldsymbol{z}_i,v_i)}{\delta \ln p_{ij}}\forall j\in\{1,\ldots,G\} \tag{3.20}$$

quedando demostrada la relación **(3.13)**.

Por lo que respecta a la identidad de Roy normalizada, téngase en cuenta que si en una misma expresión reunimos **(3.6)** y **(3.12)** se tiene que:

$$q_{ij}=-\frac{\dfrac{\delta\Psi(\boldsymbol{p}_i,\boldsymbol{z}_i,x_i)}{\delta p_{ij}}}{\dfrac{\delta\Psi(\boldsymbol{p}_i,\boldsymbol{z}_i,x_i)}{\delta x_i}}\Rightarrow w_{ij}\equiv\frac{p_{ij}q_{ij}}{x_i}=-\frac{p_{ij}\cdot\left(\dfrac{\delta\Psi(\boldsymbol{p}_i,\boldsymbol{z}_i,x_i)}{\delta p_{ij}}\right)}{x_i\cdot\left(\dfrac{\delta\Psi(\boldsymbol{p}_i,\boldsymbol{z}_i,x_i)}{\delta x_i}\right)}\forall j\in\{1,\ldots,G\} \tag{3.21}$$

De ser $\Psi(\boldsymbol{p}_i,\boldsymbol{z}_i,x_i)$ una función homogénea de grado 0 en $\boldsymbol{p}$ y $x$ (véase la nota 40) y usando **(3.15)**, su expresión normalizada vendrá dada por:

$$\Psi(\boldsymbol{p}_i,\boldsymbol{z}_i,x_i)=\Psi(\boldsymbol{p}_i/x_i,\boldsymbol{z}_i/x_i,1)\equiv\Psi^*(\boldsymbol{r}_i,\boldsymbol{z}_i^*) \tag{3.22}$$

Por otra parte, la aplicación del teorema de Euler (véase Apostol (1974)) en $\boldsymbol{p}$ y $x$ da lugar a:

$$\begin{array}{l}\displaystyle\sum_{k=1}^{G}\frac{\delta\Psi(\boldsymbol{p}_i,\boldsymbol{z}_i,x_i)}{\delta p_{ik}}\cdot p_{ik}+\frac{\delta\Psi(\boldsymbol{p}_i,\boldsymbol{z}_i,x_i)}{\delta x_i}\cdot x_i=0\Rightarrow\\ \displaystyle\Rightarrow\sum_{k=1}^{G}\frac{\delta\Psi(\boldsymbol{p}_i,\boldsymbol{z}_i,x_i)}{\delta p_{ik}}\cdot p_{ik}=-\frac{\delta\Psi(\boldsymbol{p}_i,\boldsymbol{z}_i,x_i)}{\delta x_i}\cdot x_i\end{array} \tag{3.23}$$

con lo cual **(3.21)** se puede reescribir como:

$$w_{ij} = \frac{\dfrac{\delta \Psi(\boldsymbol{p}_i, \boldsymbol{z}_i, x_i)}{\delta p_{ij}} \cdot p_{ij}}{\displaystyle\sum_{k=1}^{G} \left( \frac{\delta \Psi(\boldsymbol{p}_i, \boldsymbol{z}_i, x_i)}{\delta p_{ik}} \cdot p_{ik} \right)} \quad \forall j \in \{1, \ldots, G\} \qquad \textbf{(3.24)}$$

Asimismo, usando **(3.22)** se tiene que la función indirecta de utilidad normalizada satisface:

$$\frac{\delta \Psi^*(\boldsymbol{r}_i, \boldsymbol{z}_i^*)}{\delta \ln r_{ij}} \overset{(3.22)}{\equiv} \frac{\delta \Psi(\boldsymbol{p}_i, \boldsymbol{z}_i, x_i)}{\delta \ln r_{ij}} = \frac{\delta \Psi(\boldsymbol{p}_i, \boldsymbol{z}_i, x_i)}{\delta p_{ij}} \cdot \frac{\delta p_{ij}}{\delta \ln r_{ij}} \quad \forall j \in \{1, \ldots, G\} \qquad \textbf{(3.25)}$$

Por otra parte, puesto que:

$$\frac{\delta p_{ij}}{\delta \ln r_{ij}} \equiv \frac{\delta p_{ij}}{\delta \ln p_{ij}} \cdot \frac{\delta \ln p_{ij}}{\delta \ln r_{ij}} \quad \forall j \in \{1, \ldots, G\} \qquad \textbf{(3.26)}$$

si aplicamos la regla de la cadena para la derivación de funciones compuestas y efectuamos las pertinentes sustituciones entonces **(3.26)** se puede reformular como:

$$\left. \begin{array}{r} \left. \begin{array}{l} r_{ij} \equiv \dfrac{p_{ij}}{x_i} \Rightarrow \ln r_{ij} = \ln p_{ij} - \ln x_i \Rightarrow \\ \Rightarrow \ln p_{ij} = \ln r_{ij} + \ln x_i \Rightarrow \dfrac{\delta \ln p_{ij}}{\delta \ln r_{ij}} = 1 \end{array} \right\} \\ \dfrac{\delta p_{ij}}{\delta \ln p_{ij}} \overset{(3.18)}{=} p_{ij} \end{array} \right\} \Rightarrow \frac{\delta p_{ij}}{\delta \ln r_{ij}} = p_{ij} \quad \forall j \in \{1, \ldots, G\} \qquad \textbf{(3.27)}$$

De todo ello se colige, tras sustituir **(3.27)** en **(3.25)** y simplificar, que:

$$\begin{array}{l} \dfrac{\delta \Psi^*(\boldsymbol{r}_i, \boldsymbol{z}_i^*)}{\delta \ln r_{ij}} = \dfrac{\delta \Psi(\boldsymbol{p}_i, \boldsymbol{z}_i, x_i)}{\delta p_{ij}} \cdot p_{ij} \quad \forall j \in \{1, \ldots, G\} \Rightarrow \\ \Rightarrow \displaystyle\sum_{k=1}^{G} \left( \frac{\delta \Psi^*(\boldsymbol{r}_i, \boldsymbol{z}_i^*)}{\delta \ln r_{ik}} \right) = \sum_{k=1}^{G} \left( \frac{\delta \Psi(\boldsymbol{p}_i, \boldsymbol{z}_i, x_i)}{\delta p_{ik}} \cdot p_{ik} \right) \end{array} \qquad \textbf{(3.28)}$$

de donde, sustituyendo en **(3.24)**, se obtiene el resultado que se quería demostrar:

$$w_{ij} = \frac{\dfrac{\delta \Psi^*(\boldsymbol{r}_i, \boldsymbol{z}_i^*)}{\delta \ln r_{ij}}}{\displaystyle\sum_{k=1}^{G} \left( \frac{\delta \Psi^*(\boldsymbol{r}_i, \boldsymbol{z}_i^*)}{\delta \ln r_{ik}} \right)} \quad \forall j \in \{1, \ldots, G\} \qquad \textbf{(3.29)}$$

## 3.3 Sistemas de demanda y formas funcionales flexibles

Más allá de la coherencia teórica con un sistema de preferencias dado, la elección de una forma funcional específica para la curva de Engel en las aplicaciones empíricas debe armonizar la capacidad de ajuste a los datos con una flexibilidad suficientemente elevada como para compatibilizar distintas estructuras potenciales de la demanda de consumo. En esta línea, se dice que un sistema de ecuaciones de demanda es flexible en el sentido de Diewert si puede aproximar localmente las funciones de demanda inducidas por una función de utilidad cualquiera (Barnett (1983), Lewbel (1999)). Condicionada a una estructura demográfica dada[44], una modelización ampliamente empleada en la literatura empírica es la de Working-Leser (Leser (1963)):

$$w_{ij} = d_{1j}(\boldsymbol{p}_i) + d_{2j}(\boldsymbol{p}_i)\ln x_i \ \forall j \in \{1, \ldots, G\} \quad \textbf{(3.30)}$$

El atractivo de una formulación como la anterior[45] responde a dos razones: su incardinación en un sistema de preferencias definido a través de una función de utilidad y su flexibilidad para anidar diferentes especificaciones según cuales sean las expresiones de los coeficientes (véase Anderson y Blundell (1983)). La primera cuestión es consecuencia directa de la aplicación del Lema de Shephard (véase **(3.13)**) que da lugar a un sistema de ecuaciones diferenciales de la forma:

$$\begin{cases} \dfrac{\delta \ln c(\boldsymbol{p}_i, v_i)}{\delta \ln p_{i1}} = d_{11}(\boldsymbol{p}_i) + d_{21}(\boldsymbol{p}_i)\ln c(\boldsymbol{p}_i, v_i) \\ \quad\vdots \\ \quad\vdots \\ \dfrac{\delta \ln c(\boldsymbol{p}_i, v_i)}{\delta \ln p_{iG}} = d_{1G}(\boldsymbol{p}_i) + d_{2G}(\boldsymbol{p}_i)\ln c(\boldsymbol{p}_i, v_i) \end{cases} \quad \textbf{(3.31)}$$

cuya solución general viene dada por (véase Lewbel (1987)):

$$\ln c(\boldsymbol{p}_i, v_i) = \ln a(\boldsymbol{p}_i) + v_i b(\boldsymbol{p}_i) \quad \textbf{(3.32)}$$

donde $a(\boldsymbol{p}_i)$ y $b(\boldsymbol{p}_i)$ son funciones del vector de precios, denotándose el sistema de preferencias implícito como sistema PIGLOG ("Price-Independent Generalized Logarithmic"; véase Muellbauer (1976)). A tenor de la expresión anterior, y aplicando la

---

[44] A lo largo de la exposición se presupone, sin pérdida de generalidad, que la estructura demográfica es invariante, con objeto de facilitar la discusión relativa a formas funcionales flexibles. Como se verá en el epígrafe siguiente, la extensión a especificaciones con variabilidad demográfica es inmediata.

[45] Nótese cómo $d_{1j}(\boldsymbol{p}_i)$ y $d_{2j}(\boldsymbol{p}_i)$ son funciones de los precios en dicha formulación.

identidad de Roy, se obtiene la ecuación de la proporción de gasto (para una demostración, véase Van Daal y Merkies (1989) y Banks *et al.* (1997)):

$$w_{ij} = \frac{\delta \ln a(\boldsymbol{p}_i)}{\delta \ln p_{ij}} + \frac{\delta \ln b(\boldsymbol{p}_i)}{\delta \ln p_{ij}} \cdot \left( \ln \left( \frac{x_i}{a(\boldsymbol{p}_i)} \right) \right) \forall j \in \{1, \ldots, G\} \qquad \textbf{(3.33)}$$

La segunda de las razones apuntadas está en conexión con la elección de $a(\boldsymbol{p}_i)$ y $b(\boldsymbol{p}_i)$, que determina en cada caso un sistema de ecuaciones de demanda concreto. Así, por ejemplo, si definimos dichas funciones en la forma (véase Deaton y Muellbauer (1980b), Deaton (1986), Lewbel (1999)):

$$\begin{cases} \ln a(\boldsymbol{p}_i) = \alpha_{i0} + \sum_{j=1}^{G} \alpha_{ij} \ln p_{ij} + \frac{1}{2} \sum_{j=1}^{G} \sum_{k=1}^{G} \gamma_{ijk} \ln p_{ij} \ln p_{ik} \\ b(\boldsymbol{p}_i) = \beta_{i0} \prod_{j=1}^{G} p_{ij}^{\beta_{ij}} \Leftrightarrow \ln b(\boldsymbol{p}_i) = \ln \beta_{i0} + \sum_{j=1}^{G} \beta_{ij} \ln p_{ij} \end{cases} \qquad \textbf{(3.34)}$$

obtenemos la formulación AIDS[46] ("Almost Ideal Demand System"), profusamente empleada en aplicaciones empíricas (véase, por ejemplo, Blundell (1988) o Labeaga y López (1996) para el caso de España). En la misma, los coeficientes de **(3.34)** deben satisfacer las restricciones siguientes (véase Lewbel (1999)):

$$\begin{cases} \sum_{j=1}^{G} \alpha_{ij} = 1; \ \sum_{j=1}^{G} \beta_{ij} = 0 \\ \sum_{j=1}^{G} \gamma_{ijk} = \sum_{k=1}^{G} \gamma_{ijk} = 0 \\ \gamma_{ijk} = \gamma_{ikj} \forall j,k \in \{1,\ldots,G\} \\ \beta_{i0} > 0 \end{cases} \qquad \textbf{(3.35)}$$

Dichas restricciones imponen las condiciones de agregación y homogeneidad mediante las correspondientes restricciones de suma sobre $\alpha_{ij}, \beta_{ij}$ y $\gamma_{ijk}$, así como la simetría de los efectos sustitución mediante $\gamma_{ijk} = \gamma_{ikj}$. Tales condiciones son necesarias para la integrabilidad del sistema. Su consistencia con el sistema de preferencias considerado exige, además, el cumplimiento de las restantes propiedades de regularidad de la función de costes señaladas en la nota 41.

---

[46] La notación de Deaton y Muellbauer (1980b) se ha modificado ligeramente (no incluyéndose $a(\boldsymbol{p}_i)$ en $b(\boldsymbol{p}_i)$) para hacerla consistente con la expresión de la solución de **(3.31)** a través de **(3.32)**.

Empleando **(3.34)** para calcular las derivadas parciales que aparecen en **(3.33)**, usando la propiedad de simetría de los efectos sustitución, simplificando y reagrupando términos se obtiene:

$$\begin{cases} \dfrac{\delta \ln a(\boldsymbol{p}_i)}{\delta \ln p_{ij}} = \alpha_{ij} + \sum_{k=1}^{G} \gamma_{ijk} \ln p_{ik} \ \forall j \in \{1,\ldots,G\} \\ \dfrac{\delta \ln b(\boldsymbol{p}_i)}{\delta \ln p_{ij}} = \beta_{ij} \ \forall j \in \{1,\ldots,G\} \end{cases} \quad \textbf{(3.36)}$$

Por otra parte, puesto que la función $a(\boldsymbol{p}_i)$ se puede asimilar a un índice de precios, si hacemos el cambio de notación:

$$\ln P_i \equiv \ln a(\boldsymbol{p}_i) \quad \textbf{(3.37)}$$

y utilizamos dicha expresión en conjunción con **(3.36)** sobre **(3.33)** se deduce de forma inmediata una funcional explícita para $w_{ij}$:

$$w_{ij} = \alpha_{ij} + \sum_{k=1}^{G} \gamma_{ijk} \ln p_{ik} + \beta_{ij} \ln\left(\frac{x_i}{P_i}\right) \forall j \in \{1,\ldots,G\} \quad \textbf{(3.38)}$$

estando sus coeficientes sujetos a las restricciones definidas en **(3.35)**.

La modelización anterior constituye una forma flexible, en el sentido de que actúa como una aproximación local a la diferencial de la verdadera relación funcional subyacente entre $\boldsymbol{p}$, $\boldsymbol{q}$ y $x$, según la definición introducida al principio de la sección (para una demostración, véase Deaton y Muellbauer (1980b) así como también Diewert y Wales (1987)).

Otras formas flexibles de primer orden han sido desarrolladas en la literatura, como el llamado modelo Rotterdam (Barten (1969)) o el modelo translog de Jorgenson (Jorgenson *et al.* (1982)). Sin embargo, además de proporcionar una capacidad de ajuste limitada (especialmente para el gasto en determinados tipos de bienes, como vestido y calzado) a menudo ven rechazadas las restricciones de simetría y homogeneidad implícitas en **(3.34)** (véase Blundell *et al.* (1993), Kneip (1994), Banks *et al.* (1997) y Fisher *et al.* (2001)). Un modo de conciliar la simplicidad formal de las curvas de Engel con las regularidades empíricas halladas consiste en trabajar con expresiones definidas de acuerdo con la ecuación siguiente:

$$w_{ij} = d_{1j}(\boldsymbol{p}_i) + d_{2j}(\boldsymbol{p}_i)\ln x_i + d_{3j}(\boldsymbol{p}_i)\phi(x_i) \ \forall j \in \{1,\ldots,G\} \quad \textbf{(3.39)}$$

donde $\phi(x_i)$ es una función diferenciable que recoge las no linealidades observadas en la respuesta de la proporción de gasto en ciertos bienes ante cambios en el volumen total de consumo. Obviamente, para bienes en los que no se produzca ese tipo de respuesta, los coeficientes de dicha función deben anularse o, en todo caso, ser próximos a cero. La inclusión de este término adicional en la ecuación de gasto crea, no obstante, nuevas dificultades: ¿es compatible **(3.39)** con un sistema de preferencias definido a través de una función de utilidad?; ¿la elección de $\phi(x_i)$ es arbitraria o debe estar restringida a una determinada relación?; ¿continúa comportándose como una forma funcional flexible? La clave para responder a tales cuestiones la constituye el concepto de rango de un sistema de demanda. Formalmente, dado un sistema de demanda definido a partir de $g_j(\boldsymbol{p}_i, z_i, x_i)$ su rango es el menor valor R para el cual cualquier función $g_j$ puede expresarse como:[47]

$$g_j(\boldsymbol{p}_i, x_i) = \sum_{r=1}^{R} \Phi_{jr}(\boldsymbol{p}_i) \cdot \Theta_r(\boldsymbol{p}_i, x_i) \; \forall j \in \{1, \ldots, G\} \qquad \textbf{(3.40)}$$

para ciertas funciones $\Phi_{jr}, \Theta_r$ en precios y nivel de gasto, verificándose $R \leq G$.

De forma más intuitiva, que un sistema posea rango *R* significa que existen *R* bienes tales que la curva de Engel de cualquier otro bien se puede expresar como combinación de las curvas de Engel de esos *R* bienes. Así pues, modelos como el definido por **(3.30)** poseen, en general, rango 2, pudiendo reducirse a 1 en casos degenerados, como cuando el término independiente es nulo. Por otra parte, en el caso de sistemas integrables en el sentido de **(3.13)**, se requiere que el valor máximo del rango sea 3 (Gorman (1981))[48].

Este resultado, afortunadamente, es coherente con la evidencia empírica disponible sobre las curvas de Engel, que apunta también a que las demandas observadas poseen un rango 3 (véase Banks *et al.* (1997), Lyssiotou *et al.* (1999) y Costa (2001)). A efectos prácticos, esto significa que la formulación idónea para las curvas de Engel es la recogida en **(3.39)**, resultando superflua la inclusión de más términos dependientes del nivel de gasto en la ecuación.

---

[47] Si se consideran explícitamente las variables sociodemográficas, la relación **(3.40)** se transforma en (véase Lewbel (1997)):

$$g_j(\boldsymbol{p}_i, \boldsymbol{z}_i, x_i) = \sum_{r=1}^{R} \Phi_{jr}(\boldsymbol{p}_i, \boldsymbol{z}_i) \cdot \Theta_r(\boldsymbol{p}_i, \boldsymbol{z}_i, x_i) \; \forall j \in \{1, \ldots, G\}$$

[48] Modelos de rango 4 han sido recientemente postulados (véase Lewbel (2003)) si bien su integrabilidad está sujeta a una serie de condiciones mucho más restrictivas que los sistemas de rango 3 y su aplicabilidad se ve empañada por el elevado grado de sobreparametrización que inducen.

Adicionalmente, dentro de la clase de sistemas considerada, la coherencia teórica de la expresión **(3.39)** con un sistema de preferencias restringe la función $\phi(x_i)$ a un factor cuadrático en el logaritmo del nivel de gasto (para una demostración, véase Russell (1983) y Banks *et al.* (1997)):

$$\phi(x_i) = \left(\ln(x_i)\right)^2 \qquad \textbf{(3.41)}$$

por lo que **(3.39)** queda reducida a:

$$w_{ij} = d_{1j}(\boldsymbol{p}_i) + d_{2j}(\boldsymbol{p}_i)\ln x_i + d_{3j}(\boldsymbol{p}_i)\left(\ln x_i\right)^2 \ \forall j \in \{1,\ldots,G\} \qquad \textbf{(3.42)}$$

En ese caso, el sistema de preferencias asociado constituye una extensión del sistema PIGLOG, actuando **(3.42)** como una forma funcional flexible que anida como casos particulares a formulaciones de tipo translog o AIDS (véase Lewbel (1989) y (1997)).

Por su parte, la deducción de una ecuación equivalente a **(3.33)** requiere la resolución de un sistema de ecuaciones diferenciales análogo a **(3.31)**, ampliado con un factor cuadrático del logaritmo de la función de costes:

$$\begin{cases} \dfrac{\delta \ln c(\boldsymbol{p}_i, v_i)}{\delta \ln p_{i1}} = d_{11}(\boldsymbol{p}_i) + d_{21}(\boldsymbol{p}_i)\ln c(\boldsymbol{p}_i, v_i) + d_{31}(\boldsymbol{p}_i)\left(\ln c(\boldsymbol{p}_i, v_i)\right)^2 \\ \vdots \\ \vdots \\ \dfrac{\delta \ln c(\boldsymbol{p}_i, v_i)}{\delta \ln p_{iG}} = d_{1G}(\boldsymbol{p}_i) + d_{2G}(\boldsymbol{p}_i)\ln c(\boldsymbol{p}_i, v_i) + d_{3G}(\boldsymbol{p}_i)\left(\ln c(\boldsymbol{p}_i, v_i)\right)^2 \end{cases} \qquad \textbf{(3.43)}$$

Aplicando el mismo tipo de razonamientos que para la modelización de rango 2, se deduce (véase Fry y Pashardes (1992) y Banks *et al.* (1997)):

$$\begin{aligned} w_{ij} = {} & \frac{\delta \ln a(\boldsymbol{p}_i)}{\delta \ln p_{ij}} + \frac{\delta \ln b(\boldsymbol{p}_i)}{\delta \ln p_{ij}}\left(\ln x_i - \ln a(\boldsymbol{p}_i)\right) + \\ & + \frac{1}{b(\boldsymbol{p}_i)} \cdot \frac{\delta \lambda(\boldsymbol{p}_i)}{\delta \ln p_{ij}} \cdot \left(\ln x_i - \ln a(\boldsymbol{p}_i)\right)^2 \ \forall j \in \{1,\ldots,G\} \end{aligned} \qquad \textbf{(3.44)}$$

siendo $\lambda(\boldsymbol{p}_i)$ una función del vector de precios. Para esta última especificación, si se considera una función como[49]:

---

[49] El término $\lambda_{i0}$ actúa como un parámetro de control sobre los efectos que la normalización en precios tiene sobre el resto de coeficientes del modelo (véase Nicol (2001)).

$$\lambda(\boldsymbol{p}_i) = \lambda_{i0} + \sum_{j=1}^{G} \lambda_{ij} \ln p_{ij} \qquad \textbf{(3.45)}$$

sujeta a la condición de integrabilidad:

$$\sum_{j=1}^{G} \lambda_{ij} = 0 \qquad \textbf{(3.46)}$$

y se emplea junto con **(3.34)** y **(3.35)** el sistema resultante obtenido (conocido como QUAIDS: "Quadratic Almost Ideal Demand System"; Lewbel (1999), Banks *et al.* (1997), Nicol (2001)) induce una especificación susceptible de ser usada empíricamente como generalización de **(3.38)**. Para ello, téngase en cuenta que:

$$\frac{1}{b(\boldsymbol{p}_i)} \cdot \frac{\delta \lambda(\boldsymbol{p}_i)}{\delta \ln p_{ij}} = \frac{\lambda_{ij}}{b(\boldsymbol{p}_i)} \; \forall j \in \{1, \ldots, G\} \qquad \textbf{(3.47)}$$

Por otra parte, puesto que $b(\boldsymbol{p}_i)$ actúa también como un índice en precios, con la salvedad de que, por su estructura (recuérdese la ecuación **(3.34)**) no contiene los efectos cruzados de $P_i$. Denotándolo como $B_i$ y sustituyendo **(3.36)** y **(3.47)** en **(3.44)** se alcanza la expresión formal del sistema QUAIDS:

$$w_{ij} = \alpha_{ij} + \sum_{k=1}^{G} \gamma_{ijk} \ln p_{ik} + \beta_{ij} \ln\left(\frac{x_i}{P_i}\right) + \lambda_{ij}\left(\frac{1}{B_i} \cdot \left(\ln\left(\frac{x_i}{P_i}\right)\right)^2\right) \forall j \in \{1, \ldots, G\} \qquad \textbf{(3.48)}$$

estando sujetos los coeficientes a las mismas restricciones que en el caso de la ecuación **(3.38)**.

Así pues, el sistema QUAIDS puede concebirse como un sistema que engloba como casos particulares a la mayor parte de modelizaciones al uso, en función de las restricciones que se establezcan sobre sus coeficientes y de los resultados de su contrastación estadística. En particular, es de destacar cómo, si $\lambda_{ij} = 0$, el sistema QUAIDS se reduce a un sistema AIDS.

Adicionalmente, debe tenerse en cuenta que en presencia de datos de sección cruzada y bajo el supuesto de que los índices de precios sean homogéneos por grupos de hogares, los términos relativos a tales índices pasan a tener un carácter paramétrico por lo que, tras efectuar las correspondientes operaciones algebraicas de simplificación, la ecuación **(3.48)** puede reformularse en ese caso como:

$$w_{ij} = \alpha_{ij}^* + \beta_{ij}^* \ln x_i + \lambda_{ij}^* (\ln x_i)^2 \; \forall j \in \{1, \ldots, G\} \qquad \textbf{(3.49)}$$

que es la conocida expresión de la curva de Engel en ausencia de efectos demográficos utilizada en muchos de los estudios empíricos de los últimos años (véase, por ejemplo, Lewbel (1999)). Los nuevos coeficientes que aparecen en **(3.49)** guardan, en cualquier caso, una relación con los términos de la ecuación **(3.48)** de acuerdo con:

$$\alpha_{ij}^{*} = \left( \alpha_{ij} + \sum_{k=1}^{G} \gamma_{ijk} \ln p_{ik} - \beta_{ij} \ln P_i + \frac{\lambda_{ij}}{B_i} (\ln P_i)^2 \right) \forall j \in \{1,\ldots,G\}$$

$$\beta_{ij}^{*} = \left( \beta_{ij} - \frac{2\lambda_{ij}}{B_i} \cdot \ln P_i \right) \forall j \in \{1,\ldots,G\}$$

$$\lambda_{ij}^{*} = \frac{\lambda_{ij}}{B_i} \forall j \in \{1,\ldots,G\} \quad \textbf{(3.50)}$$

La inclusión de variables sociodemográficas, ¿cómo afecta a la curva de Engel? ¿Pueden añadirse sin más, siguiendo la práctica generalizada, o da lugar a estructuras más complejas? Demos respuesta en la sección siguiente.

## 3.4 La modelización de factores sociodemográficos en los sistemas de demanda

Nivel de gasto y precios son los factores sobre los que se articula habitualmente el análisis microeconómico de los sistemas de demanda. No obstante, el análisis empírico revela cómo las variables de tipo sociodemográfico (tamaño familiar, estructura por edades, tipo de ocupación, etc.) inciden decisivamente en la determinación de la cesta de consumo de los hogares (véase Gozalo (1997), Nicol (2001), Lyssiotou *et al.* (1999) y (2002)). Esto es particularmente cierto en estudios realizados con datos de sección cruzada, para los cuales la mayor parte de la variabilidad observada entre hogares es ocasionada por factores de este tipo[50].

En consecuencia, la integración de tales variables en el cuerpo teórico de los sistemas de demanda se ha convertido en uno de los campos con mayor actividad investigadora desde los trabajos pioneros de Pollak y Wales (véase Pollak y Wales (1978), (1980) y (1981)). Pese a que a lo largo del capítulo aparecen incorporadas en la estructura de los modelos de gasto, el tratamiento necesario para generalizar el tipo de especificaciones que se describían en el apartado anterior requiere de una serie de elaboraciones y matizaciones teóricas particulares, dando lugar a la introducción de una variante original, especialmente bien adaptada para dar cobertura teórica a buena parte de las modelizaciones de carácter empiricista utilizadas en el trabajo aplicado.

A grandes rasgos, dos son las aproximaciones alternativas seguidas en el tratamiento de los factores sociodemográficos: la introducción de las llamadas escalas de equivalencia o su inclusión, en términos estrictamente matemáticos, a través de las funciones de coeficientes que intervienen en **(3.42)**.

En el primer caso, aplicado en modelos del bienestar (véase Pollak y Wales (1979)), se pretende descontar los efectos de las variables sociodemográficas en la determinación de la cesta de consumo de un hogar mediante la inclusión de una medida de corrección que actúa de forma análoga a un deflactor. Para ello, se define una escala de equivalencia como el factor que debe aplicarse sobre el nivel de gasto de un hogar para que su nivel de bienestar sea análogo al de un hogar de referencia (véase Pollak y Wales (1979), Lewbel (1999)).

---

[50] No ocurre lo mismo con trabajos empíricos de carácter macroeconómico que emplean datos temporales. En este caso, la reducida variabilidad observada en la estructura demográfica hace inviable su modelización.

Analíticamente, diversas son las soluciones propuestas para implementar tales deflactores. Una de las estrategias más extendidas es la conocida como procedimiento de Prais-Houthakker generalizado (véase Pollak y Wales (1981)). En esencia, consiste en descomponer la escala de equivalencia de cada hogar en dos términos: uno específico para cada tipo de bien y otro genérico de corrección del nivel de gasto, de acuerdo con:

$$q_{ij} \equiv g_j(\boldsymbol{p}_i, \boldsymbol{z}_i, x_i) = s_j(\boldsymbol{z}_i) \cdot g_j^{\bullet}(\boldsymbol{p}_i, x_i / s_0(\boldsymbol{p}_i, \boldsymbol{z}_i)) \; \forall j \in \{1, \ldots, G\} \quad \textbf{(3.51)}$$

donde:

$s_j(\boldsymbol{z}_i)$: deflactor demográfico específico para el bien de tipo j-ésimo del hogar i-ésimo.

$s_0(\boldsymbol{p}_i, \boldsymbol{z}_i)$: factor de corrección del nivel de gasto del hogar i-ésimo.

$g_j^{\bullet}(\boldsymbol{p}_i, x_i / s_0(\boldsymbol{p}_i, \boldsymbol{z}_i))$: la función de demanda marshalliana descontada de las variables sociodemográficas.

Sobre la metodología de Prais-Houthakker se han desarrollado otras variantes para definir las escalas de equivalencia (véase, por ejemplo, Bourguignon y Chiappori (1994)). Sin embargo, tanto estas como la formulación original presentan dos graves inconvenientes: la rigidez estructural asociada con la elección de la forma funcional de la escala, que debe satisfacer una serie de restricciones que a menudo se ven rechazadas empíricamente (véase Gozalo (1997)); y los problemas vinculados con la identificación e interpretación económica de los coeficientes de las funciones de escala (véase Pollak y Wales (1992)).

Otras vías alternativas ensayadas (como las estimaciones de carácter semiparamétrico o no paramétrico (véase Bierens y Pott-Buter (1990) así como Chavas y Cox (1997), Drake (1997), Gozalo (1997) y Lyssiotou *et al.* (1999)) conllevan, a su vez, nuevas fuentes de inconsistencia, al transgredirse las condiciones de integrabilidad que debe satisfacer la demanda marshalliana deflactada (véase Lewbel (1999)).

Así pues, salvo en aquellos casos en los que explícitamente se deseen llevar a cabo análisis del bienestar (y, por ende, sea necesario realizar comparaciones entre hogares aislando su estructura demográfica) los argumentos apuntados hacen preferible incorporar el vector de variables sociodemográficas siguiendo la segunda de las aproximaciones sugeridas inicialmente: su agregación en las funciones de los parámetros de acuerdo con la expresión **(3.42)** (véase Banks *et al.* (1997) y Verbeek (2000)).

En tal caso, **(3.42)** debe expresarse como:

$$w_{ij} = d^*_{1j}(\boldsymbol{p}_i, \boldsymbol{z}_i) + d^*_{2j}(\boldsymbol{p}_i, \boldsymbol{z}_i)\ln x_i + d^*_{3j}(\boldsymbol{p}_i, \boldsymbol{z}_i)\left(\ln x_i\right)^2 \ \forall j \in \{1, \ldots, G\} \quad \textbf{(3.52)}$$

Por otra parte, además de obviarse las dificultades conceptuales e instrumentales de las funciones de escala, esta segunda aproximación metodológica ofrece un mecanismo sencillo para ampliar la familia de especificaciones funcionales que están implícitas en **(3.42)**. Al respecto, deben subrayarse dos hechos:

- La compatibilidad de la ecuación de gastos con un sistema de preferencias individuales continúa estando determinada por las propiedades que deben satisfacer las funciones de los parámetros respecto al vector de precios, al intervenir la demografía de forma exógena en **(3.2)**; no siendo necesario imponer restricciones adicionales sobre los coeficientes de las variables sociodemográficas, más allá de las necesarias para que se preserven, para todo valor de estas, las propiedades requeridas respecto del vector de precios.

- La flexibilidad anterior en el tratamiento de los coeficientes demográficos redunda en una ampliación de la gama de especificaciones potenciales para las curvas de Engel.

Así, entre otras posibilidades, pueden considerarse términos de interacción entre precios y variables sociodemográficas, puesto que ahora la expresión homóloga a **(3.44)** es:

$$w_{ij} = \frac{\delta \ln a(\boldsymbol{p}_i, \boldsymbol{z}_i)}{\delta \ln p_{ij}} + \frac{\delta \ln b(\boldsymbol{p}_i, \boldsymbol{z}_i)}{\delta \ln p_{ij}}\left(\ln x_i - \ln a(\boldsymbol{p}_i, \boldsymbol{z}_i)\right) + $$
$$+ \frac{\delta d(\boldsymbol{p}_i, \boldsymbol{z}_i)}{\delta \ln p_{ij}} \cdot \frac{\left(\ln x_i - \ln a(\boldsymbol{p}_i, \boldsymbol{z}_i)\right)^2}{b(\boldsymbol{p}_i, \boldsymbol{z}_i)} \ \forall j \in \{1, \ldots, G\} \qquad \textbf{(3.53)}$$

En relación con la ecuación anterior, el tratamiento que aparece en la literatura es generalmente parcial y de alcance limitado. Así, en el trabajo de Banks *et al.* (1997) los factores demográficos se introducen sin más como elementos del coeficiente $\alpha_{ij}$ de la ecuación **(3.48)**.

Este tipo de procedimiento (que, por otra parte, es el que se emplea usualmente) conduce a importantes contradicciones lógicas: siendo $\alpha_{ij}$ un componente de la función $a(\boldsymbol{p}_i, z_i)$, si se le redefine para que englobe un componente demográfico, éste también debe estar presente en dicha función y, consecuentemente, el índice de precios $P_i$ dejará de constituir un índice de precios independiente de las características sociodemográficas del hogar, al quedar condicionado conjuntamente por los precios de los bienes y servicios y por dichas características.

Sólo bajo un conjunto de suposiciones muy restrictivas, relacionadas con la homogeneidad muestral para tales factores sociodemográficos, es posible compatibilizar la coherencia interna de **(3.53)** con especificaciones deducidas siguiendo la estrategia anterior. Más recientemente, en Nicol (2001) se ensaya una metodología basada en postular determinadas estructuras para las funciones definidas en **(3.34)** y **(3.45)**, de modo que como uno de sus argumentos intervenga explícitamente un vector de variables sociodemográficas.

No obstante, aunque más formalizado, su planteamiento adolece asimismo de las mismas limitaciones de Banks *et al.* (1997): al intervenir las variables sociodemográficas en la función $a(\mathbf{p}_i, \mathbf{z}_i)$, continuarán haciéndolo en el índice de precios $P_i$, que quedará condicionado por las características sociodemográficas del hogar. Por lo tanto, los términos en logaritmos contendrán no sólo el nivel de gasto sino también los componentes de $\mathbf{z}_i$.

En realidad, la cuestión básica subyacente reside en la imposibilidad de identificar simultáneamente las influencias de precios y variables sociodemográficas en la ecuación de Engel como la definida por sistemas AIDS o QUAIDS: si el acento se pone en aislar el efecto de los precios, entonces los elementos idiosincrásicos de los hogares sólo pueden captarse introduciéndolos de forma *ad hoc* en la ecuación de comportamiento o bien llevando a cabo estimaciones con control de las características sociodemográficas por subconjuntos muestrales relativamente homogéneos.

A pesar de todo, otra opción resulta factible: imponer *a priori* cierta estructura sobre **(3.34)** y **(3.45)** para salvaguardar luego el rigor en el tratamiento de los factores sociodemográficos. Ilustremos el mecanismo que propongo derivando en primer lugar un sistema QUAIDS con máxima generalidad en la implementación de los factores sociodemográficos para, en una segunda etapa, introducir las restricciones funcionales señaladas. Para ello, utilicemos el sistema de relaciones de partida **(3.53)** y una versión ampliada de las ecuaciones **(3.34)** y **(3.45)**, derivando de forma alternativa la estructura de las ecuaciones propuesta en Fisher *et al.* (2001) y Nicol (2001) a partir de:

$$\ln a(\boldsymbol{p}_i, \boldsymbol{z}_i) = \alpha_{i0} + \sum_{j=1}^{G} \left( \alpha_{ij0} + \sum_{m=1}^{M} \alpha_{ijh} z_{ih} \right) \ln p_{ij} + \frac{1}{2} \sum_{j=1}^{G} \sum_{k=1}^{G} \gamma_{ijk} \ln p_{ij} \ln p_{ik}$$

$$b(\boldsymbol{p}_i, \boldsymbol{z}_i) = \beta_{i0} \prod_{j=1}^{G} p_{ij}^{\{\beta_{ij0} + \sum_{m=1}^{M} \beta_{ijm} z_{im}\}} \Leftrightarrow$$

$$\Leftrightarrow \ln b(\boldsymbol{p}_i, \boldsymbol{z}_i) = \ln \beta_{i0} + \sum_{j=1}^{G} \left( \beta_{ij0} + \sum_{m=1}^{M} \beta_{ijm} z_{im} \right) \ln p_{ij}$$

$$d(\boldsymbol{p}_i, \boldsymbol{z}_i) = b(\boldsymbol{p}_i, \boldsymbol{z}_i) \cdot \lambda(\boldsymbol{p}_i) = \left( \beta_{i0} \prod_{j=1}^{G} p_{ij}^{\{\beta_{ij0} + \sum_{m=1}^{M} \beta_{ijm} z_{im}\}} \right) \cdot \left( \lambda_{i0} + \sum_{j=1}^{G} \lambda_{ij} \ln p_{ij} \right) \quad \textbf{(3.54)}$$

donde $M$ hace referencia al número de variables sociodemográficas. Nótese, por otra parte, que la expresión anterior colapsa en el modelo QUAIDS tradicional si se verifica que $\alpha_{ijm} = \beta_{ijm} = 0 \ \forall$ m. La parametrización que se adopta a propósito de la función $d(\boldsymbol{p}_i, z_i)$ responde a cuestiones de simplicidad: definiéndola de este modo se pueden efectuar simplificaciones en la ecuación de Engel resultante.

Asimismo, las condiciones de agregación, homogeneidad y simetría equivalentes a **(3.35)** y **(3.46)** serán ahora:

$$\begin{cases} \sum_{j=1}^{G} \alpha_{ij0} = 1; \sum_{j=1}^{G} \beta_{ij0} = 0; \sum_{j=1}^{G} \lambda_{ij} = 0 \\ \sum_{j=1}^{G} \alpha_{ijm} = 0; \sum_{j=1}^{G} \beta_{ijm} = 0 \ \forall m \in \{1, \ldots, M\} \\ \sum_{j=1}^{G} \gamma_{ijk} = \sum_{k=1}^{G} \gamma_{ijk} = 0 \\ \gamma_{ijk} = \gamma_{ikj} \forall j, k \in \{1, \ldots, G\} \\ \beta_{i0} > 0 \end{cases} \quad \textbf{(3.55)}$$

Tales restricciones constituyen condiciones necesarias para la integrabilidad del sistema, cuya consistencia con el sistema de preferencias considerado exige asimismo el cumplimiento de las restantes propiedades de regularidad señaladas en la nota 41.

Procedamos a deducir la expresión correspondiente de la curva de Engel para poder advertir así las implicaciones que tiene el sistema de funciones **(3.54)** en la estructura lógica del modelo. Teniendo en cuenta **(3.53)** y **(3.54)** se llega a:

$$\left\{\begin{aligned} &\frac{\delta \ln a(\boldsymbol{p}_i,\boldsymbol{z}_i)}{\delta \ln p_{ij}} = \alpha_{ij0} + \sum_{m=1}^{M} \alpha_{ijm} z_{im} + \sum_{k=1}^{G} \gamma_{ijk} \ln p_{ik} \ \forall j \in \{1,\dots,G\} \\ &\frac{\delta \ln b(\boldsymbol{p}_i,\boldsymbol{z}_i)}{\delta \ln p_{ij}} = \beta_{ij0} + \sum_{m=1}^{M} \beta_{ijm} z_{im} \ \forall j \in \{1,\dots,G\} \\ &\frac{\delta d(\boldsymbol{p}_i,\boldsymbol{z}_i)}{\delta \ln p_{ij}} = b(\boldsymbol{p}_i,\boldsymbol{z}_i)\cdot \frac{\delta \lambda(\boldsymbol{p}_i)}{\delta \ln p_{ij}} + \lambda(\boldsymbol{p}_i)\cdot \frac{\delta b(\boldsymbol{p}_i,\boldsymbol{z}_i)}{\delta \ln p_{ij}} = \\ &\qquad = b(\boldsymbol{p}_i,\boldsymbol{z}_i)\cdot \frac{\delta \lambda(\boldsymbol{p}_i)}{\delta \ln p_{ij}} + \lambda(\boldsymbol{p}_i)\cdot \frac{\delta e^{\ln b(\boldsymbol{p}_i,\boldsymbol{z}_i)}}{\delta \ln p_{ij}} = \\ &\qquad = b(\boldsymbol{p}_i,\boldsymbol{z}_i)\cdot \frac{\delta \lambda(\boldsymbol{p}_i)}{\delta \ln p_{ij}} + \lambda(\boldsymbol{p}_i)\cdot \left(e^{\ln b(\boldsymbol{p}_i,\boldsymbol{z}_i)}\right)\cdot \frac{\delta \ln b(\boldsymbol{p}_i,\boldsymbol{z}_i)}{\delta \ln p_{ij}} = \\ &\qquad = b(\boldsymbol{p}_i,\boldsymbol{z}_i)\cdot \left(\frac{\delta \lambda(\boldsymbol{p}_i)}{\delta \ln p_{ij}} + \lambda(\boldsymbol{p}_i)\cdot \frac{\delta \ln b(\boldsymbol{p}_i,\boldsymbol{z}_i)}{\delta \ln p_{ij}}\right) \Rightarrow \\ &\qquad \Rightarrow \frac{1}{b(\boldsymbol{p}_i,\boldsymbol{z}_i)}\cdot \frac{\delta d(\boldsymbol{p}_i,\boldsymbol{z}_i)}{\delta \ln p_{ij}} = \frac{\delta \lambda(\boldsymbol{p}_i)}{\delta \ln p_{ij}} + \lambda(\boldsymbol{p}_i)\cdot \frac{\delta \ln b(\boldsymbol{p}_i,\boldsymbol{z}_i)}{\delta \ln p_{ij}} = \\ &\qquad = \lambda_{ij} + \lambda(\boldsymbol{p}_i)\left(\beta_{ij0} + \sum_{m=1}^{M} \beta_{ijm} z_{im}\right) \forall j \in \{1,\dots,G\} \end{aligned}\right. \tag{3.56}$$

Si sustituimos **(3.56)** en **(3.53)** se obtiene la ecuación de Engel de rango de orden 3 con factores sociodemográficos:

$$\begin{aligned} w_{ij} = {} & \alpha_{ij0} + \sum_{m=1}^{M} \alpha_{ijm} z_{im} + \sum_{k=1}^{G} \gamma_{ijk} \ln p_{ik} + \left(\beta_{ij0} + \sum_{m=1}^{M} \beta_{ijm} z_{im}\right) \ln\left(\frac{x_i}{a(\boldsymbol{p}_i,\boldsymbol{z}_i)}\right) + \\ & + \left(\lambda_{ij} + \lambda(\boldsymbol{p}_i)\left(\beta_{ij0} + \sum_{m=1}^{M} \beta_{ijm} z_{im}\right)\right)\left(\ln\left(\frac{x_i}{a(\boldsymbol{p}_i,\boldsymbol{z}_i)}\right)\right)^2 \ \forall j \in \{1,\dots,G\} \end{aligned} \tag{3.57}$$

Incluso al margen de los problemas citados relativos a la separación de los efectos de precios y factores sociodemográficos, **(3.57)** es una ecuación en la que figuran como variables explicativas todos los productos cruzados posibles de orden dos entre demografía y gasto. Esta es otra de las razones por las que su aplicabilidad práctica es dudosa: difícilmente se hallará soporte empírico para un modelo sobreparametrizado como el recogido en la ecuación **(3.57)**.

¿Cómo justificar analíticamente las expresiones habitualmente empleadas en los estudios aplicados sin sacrificar rigor teórico? En presencia de datos de sección cruzada, para los que está justificado tratar los términos en precios de forma paramétrica, una opción pasa por imponer como restricciones que los factores sociodemográficos no actúan sobre $a(\boldsymbol{p}_i, z_i)$, haciéndolo únicamente en $b(\boldsymbol{p}_i, z_i)$, y que algunas de las interacciones entre la función de parámetros $\lambda(\boldsymbol{p}_i)$ y los coeficientes de los términos demográficos son nulos.

En ese caso, definiendo $a(\boldsymbol{p}_i)$ y $\lambda(\boldsymbol{p}_i)$ como en **(3.34)** y **(3.45)**, respectivamente; efectuando operaciones análogas a las usadas para inferir **(3.57)** y teniendo en cuenta que $\lambda(\boldsymbol{p}_i)$ se puede reparametrizar ahora como una función de los precios (denotado como $D_i$) se obtiene:

$$\begin{aligned} w_{ij} &= \alpha_{ij}^* + \beta_{ij}^* \ln x_i + \lambda_{ij}^* (\ln x_i)^2 + \boldsymbol{\theta}_{ij}^{*\prime} \boldsymbol{z}_i + \\ &+ \boldsymbol{\phi}_{ij}^{*\prime} (\boldsymbol{z}_i \cdot \ln x_i) + \boldsymbol{\varphi}_{ij}^{*\prime} \left( \boldsymbol{z}_i \cdot (\ln x_i)^2 \right) \forall j \in \{1, \ldots, G\} \end{aligned} \qquad \textbf{(3.58)}$$

donde los nuevos coeficientes de la ecuación satisfacen:

$$\begin{cases} \alpha_{ij}^* = \alpha_{ij} + \sum_{k=1}^{G} \gamma_{ijk} \ln p_{ik} - \beta_{ij0} \ln P_i + \\ \quad + (\lambda_{ij} + \beta_{ij0} D_i) \cdot (\ln P_i)^2 \ \forall j \in \{1, \ldots, G\} \\ \beta_{ij}^* = \left( \beta_{ij0} - 2(\lambda_{ij} + \beta_{ij0} D_i) \cdot \ln P_i \right) \forall j \in \{1, \ldots, G\} \\ \lambda_{ij}^* = \lambda_{ij} + \beta_{ij0} D_i \ \forall j \in \{1, \ldots, G\} \\ \theta_{ijm}^* = -\ln P_i \cdot \beta_{ijm} (1 - D_i ln P_i) \ \forall j \in \{1, \ldots, G\}, \forall m \in \{1, \ldots, M\} \\ \phi_{ijm}^* = \beta_{ijm} (1 - 2 D_i ln P_i) \ \forall j \in \{1, \ldots, G\}, \forall m \in \{1, \ldots, M\} \\ \varphi_{ijm}^* = \beta_{ijm} D_i \ \forall j \in \{1, \ldots, G\}, \forall m \in \{1, \ldots, M\} \end{cases} \qquad \textbf{(3.59)}$$

De este modo, **(3.58)** es una expresión correspondiente a un modelo QUAIDS con factores sociodemográficos para datos longitudinales susceptible de ser utilizada en el trabajo empírico sin la sobreparametrización de **(3.57)**, que actúa, además, anidando un amplio abanico de especificaciones potenciales.

Así, la presencia de términos de interacción entre variables sociodemográficas y nivel de gasto (que encuentra soporte empírico, al menos para un subconjunto de los elementos de $\boldsymbol{z}_i$ en algunas investigaciones; véase Pujolar (2003d)) es susceptible de ser contrastada empíricamente tratando los coeficientes de dichos términos como parámetros de una forma reducida de la ecuación **(3.58)**. Si planteamos las hipótesis:

$$\begin{cases} \phi_{ijm}^* = 0 \forall j \in \{1, \ldots, G\}, \forall m \in \{1, \ldots, M\} \\ \varphi_{ijm}^* = 0 \forall j \in \{1, \ldots, G\}, \forall m \in \{1, \ldots, M\} \end{cases} \qquad \textbf{(3.60)}$$

y no resultan rechazadas, el modelo **(3.58)** se transforma en:

$$w_{ij} = \alpha_{ij}^{*} + \beta_{ij}^{*} \ln x_i + \lambda_{ij}^{*} \left(\ln x_i\right)^2 + \boldsymbol{\theta}_{ij}^{*}{}'\boldsymbol{z}_i \; \forall j \in \{1,\ldots,G\} \qquad \textbf{(3.61)}$$

que se corresponde con una parametrización de la curva de Engel ampliamente usada en el trabajo empírico (véase Blundell *et al.* (1993) o Fisher *et al.* (2001)).

La diferencia estriba, no obstante, en el modo en que se fundamenta **(3.61)**: en mi caso, como resultado de una serie de razonamientos en el marco del núcleo del modelo y de la posterior contrastación empírica de los términos de interacción; en el resto de estudios, desviándose de dicho núcleo para incorporar la demografía de modo *ad hoc* (véase al respecto las prácticas utilizadas en Banks *et al.* (1997) o Nicol (2001)).

Finalmente, sobre **(3.57)**, así como para el resto de las formas funcionales, deben realizarse diversas precisiones:

- El marco conceptual de referencia en el que los hogares deciden la composición de su cesta de consumo presupone un mecanismo de maximización de las preferencias de naturaleza estática, de acuerdo con **(3.2)**. Sin embargo, resulta lícito preguntarse hasta qué punto este proceso debe mantenerse invariante a lo largo del tiempo. Si este fuese el caso, el trabajo empírico que se efectúe debe estar abierto a la incorporación de posibles cambios estructurales en los parámetros de la ecuación **(3.57)** o cualquier otra ecuación de demanda. Admitir este hecho supone, desde una vertiente teórica, considerar que las preferencias de los hogares pueden ir cambiando dinámicamente y, por ende, su función de utilidad.

- Así pues, aun cuando el problema de maximización siga siendo formalmente el mismo, en el sentido de tener un carácter estático, es posible que un hogar experimente cambios en su función de utilidad y, por lo tanto, en el diseño de su cesta de consumo. Esta cuestión, obviada habitualmente por la literatura, implica que las diferencias entre familias no haya que buscarlas únicamente en razón de su composición demográfica o su nivel de ingresos. Por el contrario, para una misma categoría de hogares, los patrones de consumo pueden incorporar fuentes de variabilidad que se manifiesten a lo largo del tiempo como resultado de sus diferentes pautas de comportamiento, ya sea por cuestiones culturales ya sea por la propia diversidad de sus integrantes en cuanto a individuos.

• Con datos de sección cruzada, la estimación de **(3.58)** se enfrenta a la dificultad de observar un rango de variación en los precios suficiente como para identificar adecuadamente sus coeficientes (véase Deaton (1986)), dado que la mayor parte de los cambios observables son de carácter dinámico. Consecuentemente, en estudios empíricos que emplean este tipo de datos resulta más apropiado integrar los precios en los diferentes coeficientes de la ecuación, en la línea de **(3.58)**. En cualquier caso, el supuesto introducido en el apartado 3.1 relativo a que en un instante dado no existe necesariamente homogeneidad en precios, queda preservado con la presencia de coeficientes específicos por hogares.

Teniendo en cuenta que, para el caso español, la base de datos disponible que posee mayor fiabilidad es la Encuesta de Presupuestos Familiares, la ecuación **(3.58)** será la expresión de referencia para su ulterior explotación económica y econométrica. En relación con la misma, el cálculo de las elasticidades respecto al nivel de gasto[51] sobre las diferentes variables es inmediato. Tomando como punto de partida la definición habitual de la elasticidad total de la demanda respecto al gasto -en adelante y para abreviar, elasticidad total-:

$$\varepsilon_{ij} \equiv \frac{\delta q_{ij}}{\delta x_i}\frac{x_i}{q_{ij}} \quad \forall j \in \{1,\ldots,G\} \qquad \textbf{(3.62)}$$

entonces, utilizando la identidad **(3.6)**:

$$\left.\begin{array}{l} \varepsilon_{ij} \equiv \dfrac{\delta q_{ij}}{\delta x_i}\dfrac{x_i}{q_{ij}} \\ w_{ij} \equiv \dfrac{p_{ij}q_{ij}}{x_i} \Rightarrow \dfrac{w_{ij}x_i}{p_{ij}} = q_{ij} \end{array}\right\} \Rightarrow \varepsilon_{ij} = \frac{x_i}{q_{ij}}\left[\frac{\delta\left(\dfrac{w_{ij}x_i}{p_{ij}}\right)}{\delta x_i}\right] = \frac{x_i}{q_{ij}}\left[\frac{1}{p_{ij}}w_{ij} + \frac{x_i}{p_{ij}}\frac{\delta w_{ij}}{\delta x_i}\right] \Rightarrow$$

---

[51] No obstante, al no intervenir explícitamente los precios como variables en la especificación considerada, no es posible identificar a partir de ella las elasticidades-precio. Por la misma razón, tampoco es posible contrastar empíricamente las condiciones de simetría y semidefinidad negativa de la matriz de Slutsky a partir de los efectos precio.

$$\Rightarrow \varepsilon_{ij} = \frac{x_i}{q_{ij} p_{ij}} \left[ w_{ij} + x_i \frac{\delta w_{ij}}{\delta x_i} \right] = \frac{1}{w_{ij}} \left[ w_{ij} + x_i \frac{\delta w_{ij}}{\delta x_i} \right] \Rightarrow$$

$$\Rightarrow \varepsilon_{ij} = 1 + w_{ij}^{-1} x_i \frac{\delta w_{ij}}{\delta x_i} \; \forall j \in \{1, \ldots, G\} \quad \textbf{(3.63)}$$

Sustituyendo **(3.58)** en **(3.63)** se obtiene la expresión de la elasticidad total de la demanda para la forma funcional cuadrática semilogarítmica postulada:

$$\varepsilon_{ij} = 1 + w_{ij}^{-1} x_i \left( \frac{\beta_{ij}^*}{x_i} + \frac{2\lambda_{ij}^* \ln(x_i)}{x_i} + \frac{\phi_{ij}^{*\prime} \mathbf{z}_i}{x_i} + \frac{2\varphi_{ij}^{*\prime} \mathbf{z}_i \ln(x_i)}{x_i} \right) =$$

$$= 1 + \frac{\left( \beta_{ij}^* + 2(\lambda_{ij}^* + \varphi_{ij}^{*\prime} \mathbf{z}_i) \ln(x_i) + \phi_{ij}^{*\prime} \mathbf{z}_i \right)}{w_{ij}} \; \forall j \in \{1, \ldots, G\} \quad \textbf{(3.64)}$$

Cuando no existen términos de interacción entre nivel de gasto y variables sociodemográficas, en el marco del modelo **(3.61)**, la elasticidad se reduce a:

$$\varepsilon_{ij} = 1 + w_{ij}^{-1} x_i \left( \frac{\beta_{ij}^*}{x_i} + \frac{2\lambda_{ij}^* \ln(x_i)}{x_i} \right) = 1 + \frac{\left( \beta_{ij}^* + 2\lambda_{ij}^* \ln(x_i) \right)}{w_{ij}} \; \forall j \in \{1, \ldots, G\} \; \textbf{(3.65)}$$

En términos microeconómicos el valor de dicha elasticidad se utiliza para agrupar en distintas categorías los bienes y servicios de la cesta de consumo. Así (véase, por ejemplo, Varian (1992)) hablaremos de bienes de lujo (aquellos con una elasticidad superior a la unidad), necesarios (elasticidad entre 0 y 1) e inferiores (elasticidad menor a 0). En cualquier caso, nótese cómo resulta también posible introducir, por analogía, una medida de sensibilidad respecto de la variable sociodemográfica m-ésima con una formulación análoga a la de una elasticidad. Para ello, basta con definir:

$$\varepsilon_{ijm} \equiv \frac{\delta q_{ij}}{\delta z_{im}} \frac{z_{im}}{q_{ij}} \; \forall j \in \{1, \ldots, G\}, \forall m \in \{1, \ldots, M\} \quad \textbf{(3.66)}$$

En ese caso, a diferencia de **(3.63)**, se tiene que:

$$\left. \begin{array}{l} \varepsilon_{ijm} \equiv \dfrac{\delta q_{ij}}{\delta z_{im}} \dfrac{z_{im}}{q_{ij}} \\ w_{ij} \equiv \dfrac{p_{ij} q_{ij}}{x_i} \Rightarrow \dfrac{w_{ij} x_i}{p_{ij}} = q_{ij} \end{array} \right\} \Rightarrow \varepsilon_{ijm} = \frac{z_{im}}{q_{ij}} \left[ \frac{\delta \left( \dfrac{w_{ij} x_i}{p_{ij}} \right)}{\delta z_{im}} \right] = \frac{z_{im}}{q_{ij}} \left[ \frac{x_i}{p_{ij}} \frac{\delta w_{ij}}{\delta z_{im}} \right] \Rightarrow$$

$$\Rightarrow \varepsilon_{ijm} = z_{im} w_{ij}^{-1} \frac{\delta w_{ij}}{\delta z_{im}} \; \forall j \in \{1, \ldots, G\}, \forall m \in \{1, \ldots, M\} \; \textbf{(3.67)}$$

Para el caso concreto del modelo **(3.58)**, esto supone que la formulación de la elasticidad sea:

$$\varepsilon_{ijm} = z_{im} w_{ij}^{-1} \left( \theta_{ijm}^{*} + \phi_{ijm}^{*} \ln x_{i} + \varphi_{ijm}^{*} \left( \ln x_{i} \right)^{2} \right) \forall j \in \{1,\ldots,G\}, \forall m \in \{1,\ldots,M\} \quad \textbf{(3.68)}$$

Debe señalarse, no obstante, que **(3.66)**-**(3.68)** se obtienen considerando la extensión continua de la función de demanda respecto de $z_{im}$. Dado que las variables sociodemográficas consideradas toman valores en los naturales o cero, los cambios efectivamente observables en estas variables son necesariamente discretos. En sentido estricto, por tanto, la medida definida en **(3.66)** deja de constituir una elasticidad respecto de $z_{im}$, aunque su formulación diferencial proporciona una medida local de la sensibilidad de la demanda que resulta útil para caracterizar los efectos sociodemográficos.

Por otra parte, en el contexto del modelo **(3.61)**, la elasticidad anterior se simplifica en:

$$\varepsilon_{ijm} = \theta_{ijm}^{*} \frac{z_{im}}{w_{ij}} \forall j \in \{1,\ldots,G\}, \forall m \in \{1,\ldots,M\} \quad \textbf{(3.69)}$$

En definitiva, partiendo de un sistema de demanda de tipo QUAIDS ampliado con factores sociodemográficos, las curvas de Engel resultantes poseen una estructura semilogarítmica de carácter cuadrático. Asimismo, el procedimiento empleado permite obtener las correspondientes expresiones de la elasticidad total de la demanda respecto al nivel de gasto y de las medidas de sensibilidad respecto a los factores sociodemográficos, incorporando explícitamente sus interrelaciones con el gasto de acuerdo con las formas funcionales recogidas en **(3.64)** y **(3.68)**.

## 3.5 Conclusiones

El estudio de los sistemas de demanda constituye una de las áreas de la microeconomía con un caudal de interrelaciones mutuas entre desarrollos teóricos y aplicaciones empíricas más fructífero. Asimismo, en términos conceptuales, su integración con los problemas de determinación del nivel de consumo que los hogares fijan como óptimo resulta fácil de pergeñar. Así pues, es posible diseñar un esquema epistemológico que abarque el comportamiento de los consumidores tanto en su faceta relativa a la cuantía del gasto como respecto a la distribución de ese gasto entre los distintos bienes y servicios que forman la cesta de consumo. No obstante, así como la primera de las cuestiones requería de la aplicación de técnicas de optimización dinámica de carácter estocástico que no siempre pueden plasmarse mediante una forma funcional explícita que describa la senda de comportamiento óptimo del consumo en el tiempo (recuérdense los resultados del capítulo segundo), la segunda admite ser tratada de forma mucho más sencilla y operativa.

Al respecto, en la sección 3.1 se establecen las pautas para trabar ambas decisiones siguiendo un proceso en dos fases: una vez que una familia decide cuánto debe gastar, el modo en que distribuye ese gasto se efectúa resolviendo un problema de maximización de las preferencias de carácter estático. En ese marco, las curvas de Engel asociadas a las funciones de demanda marshalliana constituyen el instrumento sobre el que estructurar el sistema de demanda propiamente dicho.

En principio, pudiera pensarse que el procedimiento que debe seguirse exige partir de una función de utilidad determinada para luego deducir su curva de Engel asociada. Sin embargo, a lo largo del epígrafe 3.2 se muestra cómo es posible disponer de un marco más general recurriendo a la forma dual del problema de optimización. De este modo, la aproximación metodológica que se sigue es la inversa: especificar una curva de Engel dada sujeta a una serie de restricciones que garanticen su compatibilidad con un sistema de preferencias representable mediante una función de utilidad, dotándola de un grado de flexibilidad suficientemente elevado como para ser compatible con formas funcionales diversas.

Las curvas de Engel constituyen la piedra angular sobre la que definir distintos tipos de sistemas de demanda sujetos a las correspondientes condiciones de integrabilidad que garanticen su consistencia con un sistema de preferencias: desde las formulaciones más simples, como las de Working-Leser, hasta los llamados modelos AIDS, tal como se detalla en el epígrafe 3.3. Asimismo, en esta misma sección, se apunta cómo las formas funcionales semilogarítmicas de carácter cuadrático actúan como formas flexibles que aproximan localmente a funciones desconocidas *a priori* y que además se adaptan razonablemente bien a las regularidades empíricas halladas en el trabajo aplicado. En realidad, este tipo de modelizaciones puede concebirse como un modelo AIDS ampliado con un factor cuadrático: los denominados modelos QUAIDS. Asimismo, las especificaciones QUAIDS presentan otro atractivo: al englobar como casos particulares a buena parte de las formulaciones introducidas en la literatura, ofrecen las pautas para contrastar una estructura anidada de modelizaciones a través de restricciones sobre sus coeficientes.

En cualquier caso, buena parte del comportamiento del nivel de gasto aparece ligado a variables de carácter sociodemográfico. Se impone pues su tratamiento explícito para poderlas incorporar en los sistemas de demanda. En la sección 3.4 se discute cómo hacerlo siguiendo dos estrategias alternativas: mediante las llamadas funciones de escala o bien a través de su integración en los coeficientes del sistema de ecuaciones diferenciales que sirve como base para la propia definición del sistema de demanda.

Tanto por cuestiones teóricas como por razones operativas, la segunda de las opciones se revela preferible. Sin embargo, la derivación teórica de los modelos QUAIDS ampliados con un vector de factores sociodemográficos no resulta inmediata. Si se pretende preservar la estructura lógica del modelo con una especificación suficientemente atractiva para el trabajo empírico, deben introducirse una serie de variantes sobre los procedimientos usados habitualmente. Para ello, considero un sistema de restricciones relativas al modo en que intervienen las variables sociodemográficas en la ecuación de Engel. De esta forma, se logra definir una forma funcional con unas propiedades satisfactorias tanto desde un punto de vista teórico como aplicado.

Adicionalmente, en el mismo epígrafe se perfilan los elementos que es preciso tomar en consideración cuando los datos utilizados para la validación empírica de los modelos son de sección cruzada. En esa línea, se constata la necesidad de reespecificar la ecuación de gastos con factores demográficos, concluyéndose tanto la necesidad de tratar a los precios de forma paramétrica como de no restringir de antemano el posible comportamiento heterogéneo de los hogares. Con ello quedan afirmados tres de los rasgos característicos del análisis empírico de los sistemas de demanda: relevancia de los componentes sociodemográficos, heterogeneidad potencial de los parámetros y flexibilidad de la forma funcional.

Por último, dado su interés como instrumento para la simulación y elaboración de escenarios de políticas económicas, se deducen las expresiones formales de la elasticidad total de la demanda respecto al nivel de gasto y, por analogía, de las correspondientes medidas de sensibilidad respecto a las distintas variables sociodemográficas, en el contexto de la variante de la especificación QUAIDS introducida. Se constata así la necesidad de incorporar explícitamente los efectos de los factores sociodemográficos en su formulación cuando existen interrelaciones entre estos y el nivel de gasto.

# 4. FUNDAMENTOS MICROECONOMÉTRICOS DE LA ESTIMACIÓN DE SISTEMAS DE DEMANDA

La estimación, contraste y validación empírica de las curvas de Engel, tanto para especificaciones sin variables sociodemográficas como cuando éstas se integran en su formulación, es un proceso que dista de estar totalmente resuelto en términos econométricos. Así, más allá del tratamiento estandarizado que figura en muchos artículos (véase Deaton (1986) o Lewbel (1999) a modo de compilaciones) y de los problemas apuntados, tales como los errores de medición de las variables (véanse Hausman *et al.* (1995), Lewbel (1996)), la presencia de valores muestrales nulos para la proporción de gasto (véanse Fry *et al.* (2000) y (2001), Hong y Tamer (2003), Yoshida y Guariglia (2002)) o la posible endogeneidad de alguno de los regresores (véanse Banks *et al.* (1997), Lewbel (2003), Hong y Tamer (2003)), persiste toda una plétora de cuestiones abiertas, tal como se pone de manifiesto a lo largo de este capítulo.

En realidad, los elementos citados no son exclusivos de los sistemas de demanda, sino que están presentes en buena parte de los modelos económicos con microdatos, tanto en el ámbito de la microeconomía como de las finanzas o de la economía de la empresa. Es desde esta perspectiva que debe entenderse el ánimo y el tono de este bloque de la investigación: usando como referencia los sistemas de demanda, se plantean cuestiones de carácter microeconométrico, se proponen determinados métodos originales de resolución y se abordan, desde una vía complementaria, algunas de las soluciones aportadas para tratar con determinados problemas metodológicos.

Como punto de partida, la sección 4.1 se ocupa en primer lugar del modo en que debe establecerse el tránsito desde una especificación determinista como es la correspondiente a las curvas de Engel postuladas en el capítulo 3 a un modelo de carácter estocástico susceptible de estimación y contraste. En oposición al procedimiento más frecuente, que se limita a añadir sin más un término de perturbación a la ecuación que tiene que estimarse (véanse Banks *et al.* (1997), Nicol (2001)), dándose por hecho que verifica una serie de supuestos probabilísticos, como es la presunción de que se distribuye normalmente, se insiste en la necesidad de dar una motivación a dicho término de perturbación en el contexto de la modelización adoptada.

Para ello, se opta por justificar la presencia del término de perturbación como resultado de un problema de medición de las variables, en la línea de Lewbel (1996). A diferencia de este último autor, sin embargo, se considera una estructura en la que se admite la posible existencia de comportamientos heterogéneos por grupos de hogares.

Es en la sección 4.2 en la que se estudian con detalle las implicaciones de la presencia de valores muestrales nulos cuando las perturbaciones no poseen una distribución normal. Al margen de posibles errores de codificación de los datos, la existencia de tales ceros muestrales puede deberse a distintas razones.

- En primer lugar, puede ser resultado del propio mecanismo de asignación de los hogares, los cuales pueden decidir que, a los precios vigentes y dado su nivel de renta, el nivel óptimo de consumo para un cierto bien debe ser nulo; en otros términos, que el proceso de maximización de su función de utilidad se corresponda con una solución de esquina (piénsese, por ejemplo, en la adquisición de un bien de lujo).
- En segundo lugar, puede responder a un problema de infrecuencia de compra; esto es, puede ocurrir que para el lapso temporal considerado en la encuesta el hogar no haya adquirido un determinado tipo de bien (por ejemplo, un electrodoméstico) pese a que dispone de él y adquiere bienes de este tipo con cierta regularidad.
- Finalmente, puede estar reflejando un sistema de preferencias determinado que hace que nunca se adquieran cierto tipo de productos, sea cual sea su precio y la renta de que se disponga (casos paradigmáticos son el tabaco o las bebidas alcohólicas).

Mucho más importante que conocer las razones que explican estos valores nulos es, por sus efectos, analizar las consecuencias de modelizar inadecuadamente la distribución del término de perturbación. Al respecto, no debe olvidarse cómo las técnicas de estimación con variable censurada o truncada redundan en estimaciones inconsistentes cuando el supuesto adoptado sobre la distribución de la perturbación es incorrecto (véase Wooldridge (2002) o Hsiao (2003)). Sólo desde una correcta especificación de la perturbación tendría sentido, llegado el caso, ahondar en las causas de los ceros muestrales. De hecho, pese a que existen contrastes de normalidad en presencia de modelos con variable dependiente de variación limitada (véase, por ejemplo, Lee y Maddala (1985), Pagan y Vella (1989) o Gouriéroux (2000)) no siempre son aplicados, dándose por sentado que las perturbaciones se distribuyen normalmente.

Teniendo en cuenta estos elementos, se deriva analíticamente una expresión general para poder calcular los efectos marginales de los distintos factores de interés sobre la variable dependiente, en el ámbito de modelos tobit generalizados. De este modo, puede calcularse el sesgo inducido sobre los parámetros del modelo como consecuencia de la imposición de una determinada distribución cuando en realidad la verdadera distribución del término de perturbación es desconocida, concluyéndose en todos los casos la importancia del mismo.

El conjunto de resultados obtenidos permite construir un marco de referencia desde el que comparar, de acuerdo con determinados criterios, el comportamiento de estrategias de estimación alternativas, según se describe en la sección 4.3. En ésta, se desarrolla una metodología propia que afronta el hecho de que los distintos métodos de estimación paramétrica disponibles den lugar a estimaciones inconsistentes de los efectos marginales, al no cumplirse las condiciones necesarias que asegurarían dicha consistencia.

Partiendo de este hecho, se define un procedimiento en el que se evalúa el grado de confiabilidad de un conjunto de estimadores obtenidos empleando técnicas econométricas alternativas:

- Estimación con variable dependiente censurada con supuesto de normalidad.
- Estimación con variable dependiente censurada con supuesto de distribución logística.
- Estimación por el método de dos fases de Heckman.
- Estimación por mínimos cuadrados ordinarios sobre la muestra con observaciones no nulas para el nivel de gasto.
- Estimación por mínimos cuadrados ordinarios sobre la totalidad de la muestra disponible.
- Estimación por el método generalizado de los momentos (GMM) sobre la muestra con observaciones no nulas para el nivel de gasto.
- Estimación por el método generalizado de los momentos (GMM) sobre la totalidad de la muestra disponible.

La preferencia por un estimador u otro se establece a partir de un mecanismo de simulación en el que se calcula una medida del grado de discrepancia entre valores ajustados y valores reales de gasto (por ejemplo, el error cuadrático medio de la previsión). El proceso anterior se replica para diferentes tamaños de simulación, seleccionándose los elementos muestrales de acuerdo con un procedimiento aleatorio específico. Con todos estos elementos, en la última parte del epígrafe se adjuntan los resultados correspondientes a las elasticidades-gasto por grupos homogéneos de hogares, así como los efectos asociados a las variables de naturaleza sociodemográfica. Termina el capítulo con una sección en la que se desgranan las principales conclusiones que se derivan de los resultados obtenidos.

## 4.1 La estimación de sistemas de demanda

Atendiendo a la ingente literatura existente, pudiera creerse que la formulación empírica de las ecuaciones de gasto, ya sea en sus variantes clásicas, ya sea incorporando términos sociodemográficos al modelo de la ecuación **(3.57)**, no necesita de especiales consideraciones más allá de la inclusión de un término de perturbación de carácter no observable. No obstante, la información muestral disponible para su estimación y contraste exige trabajar con variables que, en origen, pueden estar sujetas a errores de medida. Para el caso español (si bien los comentarios son perfectamente extrapolables a cualquier otra base informativa con microdatos), cuando menos las cifras relativas al consumo declarado por los hogares deben tomarse con cierta precaución.

De hecho, tanto en términos de la EPF como de la ECPF, los gastos declarados están sujetos a un determinado grado de ocultación, difiriendo significativamente con respecto a los valores agregados que aparecen en la Contabilidad Nacional (véase Oliver (1997)). Sean cuales sean las razones que explican esta cuestión, sus consecuencias econométricas son inmediatas, al provocar la pérdida de consistencia de los estimadores al desaparecer la ortogonalidad entre el vector de regresores y el término de perturbación de la ecuación. Posibles tratamientos encaminados a corregir tales errores de medición por la vía de introducir factores de ajuste sobre los valores muestrales no dejan de estar expuestos a una cierta arbitrariedad, puesto que requieren de la introducción de supuestos *ad hoc* cuando menos discutibles, garantizándose sólo a nivel agregado la concordancia con los datos macroeconómicos. Además, la aplicación misma de tales correcciones puede ser fuente de nuevos errores sobre el consumo. Formalicemos los razonamientos anteriores.

Para ello, tomemos como punto de partida la especificación de un modelo de gasto con factores sociodemográficos como el recogido por la ecuación **(3.57)** del capítulo anterior y analicemos qué ocurre si el nivel de gasto, tanto global como por tipo de bien, se mide con error. Puesto que **(3.57)** recoge las relaciones entre la proporción de gasto y el nivel total del mismo bajo el supuesto implícito de que ambos están correctamente medidos, dicha ecuación deberá reescribirse en términos de los valores observados de tales variables. Distingamos entre valores reales y valores observados denotando los primeros con un asterisco y supongamos, sin pérdida de generalidad, que la relación entre el nivel de gastos real y el observado para cada unidad muestral se exprese como[52]:

$$\frac{x_{it}^{*}}{x_{it}} = 1 + \delta_{it} \Rightarrow \ln\left(x_{it}^{*}\right) = \ln\left(x_{it}\right) + \ln\left(1 + \delta_{it}\right) \qquad \textbf{(4.1)}$$

donde $\delta_{it}$ es un término aleatorio con esperanza nula.[53] La implicación inmediata de **(4.1)** es que no sólo algunas de las variables explicativas del modelo presentarán un error de medida, sino que, por construcción, también se hallará en la variable dependiente. En realidad, puesto que la proporción de gasto en el bien de tipo j-ésimo se obtiene a nivel muestral como cociente entre el gasto declarado para esa categoría de bien y el gasto total, no podemos rechazar de antemano que tengamos simultáneamente un error de medición en el numerador del cociente.

Por conveniencia operacional, relacionemos en forma aditiva las proporciones observadas y reales según:

$$w_{ijt} = w_{ijt}^{*} + \eta_{ijt} \; \forall j \in \{1,\ldots,G\} \qquad \textbf{(4.2)}$$

donde $\eta_{ijt}$ designa el componente de error con esperanza nula para la proporción de gasto en el bien j-ésimo. Nótese que éste tiene un carácter específico para cada tipo de bien y que además posee una relación de dependencia estocástica con $\delta_{it}$.

Si suponemos adicionalmente que la ecuación de gasto integra un término de perturbación que captura efectos no sistemáticos de ajuste a través de un factor aleatorio $v_{ijt}$, entonces la ecuación **(3.57)** debe especificarse para los niveles reales de gasto como:

$$w_{ijt}^{*} = \alpha_{ij0} + \sum_{m=1}^{M} \alpha_{ijm} z_{itm} + \sum_{k=1}^{G} \gamma_{ijk} \ln p_{itk} + \left(\beta_{ij0} + \sum_{m=1}^{M} \beta_{ijm} z_{itm}\right) \ln\left(\frac{x_{it}^{*}}{a(\boldsymbol{p}_{it}, \boldsymbol{z}_{it})}\right) +$$

$$+ \left(\lambda_{ij} + \lambda(\boldsymbol{p}_{it})\left(\beta_{ij0} + \sum_{m=1}^{M} \beta_{ijm} z_{itm}\right)\right)\left(\ln\left(\frac{x_{it}^{*}}{a(\boldsymbol{p}_{it}, \boldsymbol{z}_{it})}\right)\right)^{2} + v_{ijt} \; \forall j \in \{1,\ldots,G\} \qquad \textbf{(4.3)}$$

si sustituimos **(4.1)** y **(4.2)** en **(4.3)** llegamos a:

---

[52] Implícitamente, se considera una muestra con datos de tipo panel, de ahí la aparición del subíndice t, referido a la dimensión temporal de la misma. Como en el capítulo 3, el subíndice i hace referencia al hogar i-ésimo.

[53] Ello presupone asumir que los errores de medida no contienen ningún componente sistemático y que además se verifica $E\left[\frac{x_{it}^{*}}{x_{it}}\right] = 1$.

$$w_{ijt} = \alpha_{ij0} + \sum_{m=1}^{M} \alpha_{ijm} z_{itm} + \sum_{k=1}^{G} \gamma_{ijk} \ln p_{itk} + \left( \beta_{ij0} + \sum_{m=1}^{M} \beta_{ijm} z_{itm} \right) \cdot$$
$$\cdot \left( \ln \left( \frac{x_{it}}{a(\boldsymbol{p}_{it}, \boldsymbol{z}_{it})} \right) + \ln(1+\delta_{it}) \right) + \left( \lambda_{ij} + \lambda(\boldsymbol{p}_{it}) \left( \beta_{ij0} + \sum_{m=1}^{M} \beta_{ijm} z_{itm} \right) \right) \cdot$$
$$\cdot \left( \ln \left( \frac{x_{it}}{a(\boldsymbol{p}_{it}, \boldsymbol{z}_{it})} \right) + \ln(1+\delta_{it}) \right)^2 + v_{ijt} + \eta_{ijt} \ \forall j \in \{1, \ldots, G\} \qquad \textbf{(4.4)}$$

Reagrupando los factores no observables en un nuevo término de perturbación $\varepsilon_{ijt}$, la ecuación anterior equivale a:

$$w_{ijt} = \alpha_{ij0} + \sum_{m=1}^{M} \alpha_{ijm} z_{itm} + \sum_{k=1}^{G} \gamma_{ijk} \ln p_{itk} + \left( \beta_{ij0} + \sum_{m=1}^{M} \beta_{ijm} z_{itm} \right) \cdot$$
$$\cdot \ln \left( \frac{x_{it}}{a(\boldsymbol{p}_{it}, \boldsymbol{z}_{it})} \right) + \left( \lambda_{ij} + \lambda(\boldsymbol{p}_{it}) \left( \beta_{ij0} + \sum_{m=1}^{M} \beta_{ijm} z_{itm} \right) \right) \cdot$$
$$\cdot \left( \ln \left( \frac{x_{it}}{a(\boldsymbol{p}_{it}, \boldsymbol{z}_{it})} \right) \right)^2 + \varepsilon_{ijt} \ \forall j \in \{1, \ldots, G\} \qquad \textbf{(4.5)}$$

donde $\forall j \in \{1, \ldots, G\}$ se satisface:

$$\varepsilon_{ijt} = v_{ijt} + \eta_{ijt} + \ln(1+\delta_{it}) \left\{ \left( \beta_{ij0} + \sum_{m=1}^{M} \beta_{ijm} z_{itm} \right) \cdot \left[ 1 + \lambda(\boldsymbol{p}_{it}) \cdot \ln \left( (1+\delta_{it}) \left( \frac{x_{it}}{a(\boldsymbol{p}_{it}, \boldsymbol{z}_{it})} \right)^2 \right) \right] \right\} +$$
$$+ \lambda_{ij} \left\{ (\ln(1+\delta_{it})) \cdot \ln \left[ (1+\delta_{it}) \left( \frac{x_{it}}{a(\boldsymbol{p}_{it}, \boldsymbol{z}_{it})} \right)^2 \right] \right\} \qquad \textbf{(4.6)}$$

Más allá de las complicaciones formales de la ecuación **(4.4)**, lo relevante de la misma es advertir que la estructura del término de perturbación consta de tres componentes. Las dos primeras varían en las tres dimensiones (por hogares, por tipo de bien y temporalmente). La tercera componente varía sólo por hogares y en el tiempo, aunque provoca además la aparición de términos no lineales que condicionan decisivamente los instrumentos que puedan emplearse en el marco de una estimación por el método generalizado de momentos.

Asimismo, es de reseñar cómo en el tratamiento habitual que aparece en los artículos tanto teóricos como de carácter aplicado, al introducir las variables sociodemográficas de forma *ad hoc* en el modelo, no se tiene en cuenta que la pérdida de ortogonalidad en los regresores abarca también a los términos de interacción entre demografía y nivel de gasto. A su vez, no contemplar este hecho condiciona los contrastes de especificación defectuosa que se puedan llevar a cabo sobre el modelo, por cuanto no toman en consideración la compleja estructura inducida por el error de medida.

De hecho, en muchos casos (véase por ejemplo Nicol (2001)) la aplicación de estimadores GMM se realiza de forma casi automática, presuponiendo que los problemas de falta de ortogonalidad se limitan al nivel de gasto. Incluso trabajos de carácter eminentemente econométrico, como los de Hausman *et al.* (1995) o Lewbel (1996) restringen su análisis al caso más simple de las especificaciones AIDS habituales.

Los problemas de medida no constituyen, en ningún caso, la única dificultad que debe resolverse en términos econométricos. Entre otros elementos, cabe citar la endogeneidad del nivel de gasto o la singularidad de la matriz de varianzas y covarianzas de las perturbaciones del sistema de demanda. De entre éstos, el primero de ellos resulta trivial en su formulación: puesto que, por definición, la variable a explicar depende del nivel de gasto, aun cuando no existiesen los problemas de medida anteriores, persistiría el problema de endogeneidad en relación con todos aquellos regresores en los que figure el nivel de gasto y cuya resolución exige la aplicación de métodos instrumentales de estimación (véase, por ejemplo, el artículo de Banks *et al.* (1997)). La segunda es una cuestión que también se ha tratado profusamente en la literatura, como es la estimación conjunta del sistema de demanda, tanto para contemplar posibles interrelaciones entre los términos de perturbación de las ecuaciones asociadas a diferentes bienes para una misma unidad muestral como para contrastar la simetría de los efectos sustitución (véase Pollak y Wales (1992)). Al respecto, puesto que, por construcción, las proporciones de gasto (tanto observadas como reales) deben sumar la unidad, cualquier intento por estimar conjuntamente las ecuaciones de gasto tratándolas como un sistema de ecuaciones aparentemente no relacionadas debe tener en cuenta la singularidad de la matriz de varianzas y covarianzas de las perturbaciones y, por ende, la necesidad de omitir una de las G ecuaciones, al ser redundante. Bajo procedimientos de estimación invariantes respecto de la ecuación omitida, la elección de esta resulta irrelevante, pudiéndose recuperar sus parámetros a partir de la estimación de las $G-1$ ecuaciones restantes mediante las correspondientes restricciones de agregación.

En ausencia de los problemas de endogeneidad o de errores de medida citados anteriormente, el sistema resultante podría estimarse de forma consistente (véase Deaton (1986) para un tratamiento clásico o Lewbel (2003) como referencia reciente) por mínimos cuadrados generalizados factibles (FGLS) o máxima verosimilitud con información completa (FIML)[54]. Si se consideran errores de medida y endogeneidad, el método más apropiado para asegurar la consistencia de los estimadores será la estimación GMM multiecuacional (véase Nicol (2001)).

No obstante, si en la muestra existen observaciones con proporciones de gasto nulas[55], entonces la omisión de una u otra ecuación ya no va a ser algo neutral, por cuanto va a condicionar el mecanismo probabilístico subyacente al sistema, transformándose en un sistema en el que coexisten ecuaciones con variable dependiente censurada y ecuaciones con variable dependiente continua. Si a todo esto se le añaden los problemas de endogeneidad y errores de medida señalados, el grado de dificultad en la estimación pasa a ser muy elevado, siendo una cuestión abierta en Econometría cómo proceder a su resolución de forma satisfactoria (véase Hong y Tamer (2003) para un tratamiento novedoso en la estimación de ecuaciones en presencia de variables censuradas y endogeneidad). Todo ello hace que sea preferible optar por la mayor simplicidad y operatividad que supone la estimación individual de las ecuaciones si se postula una estructura diagonal en la matriz de varianzas y covarianzas de las perturbaciones correspondiente al sistema reducido de $G-1$ ecuaciones.

Ciertamente, el catálogo de inconvenientes no se agota con los reseñados. Algunos de ellos son obvios, como es el caso de la elección de los instrumentos (véase Bound *et al.* (1995) para una discusión sobre los problemas de inconsistencia que pueden surgir cuando la correlación entre los instrumentos y la variable endógena es débil) o la necesidad de incidir en la dimensión dinámica del sistema (véase Attfield (1997) o Doran y Rambaldi (1997)). Sin embargo, hay dos elementos que aparecen tratados sólo superficialmente en los trabajos aplicados, como son la variabilidad espacial y la robustez de la estimación con variables de variación limitada.

La primera de las cuestiones tiene importantes implicaciones sobre la correcta especificación del modelo. En este sentido, constituye una práctica generalizada al

---

[54] Recuérdese que la ausencia de normalidad de las perturbaciones no impide necesariamente obtener estimadores consistentes mediante procedimientos de pseudo o cuasi máxima verosimilitud (QML), siempre que se encuentren correctamente especificados los momentos condicionales relevantes y se satisfagan las restantes condiciones de regularidad requeridas para la consistencia del estimador (véanse Heyde (1997) y White (2001)). La falta de normalidad, por otra parte, no debe sorprender si tenemos en cuenta que, por construcción, el rango de la variable dependiente está acotado entre 0 y 1.

[55] En la práctica, frecuentemente alguna de las categorías en las que se dividen los gastos de los hogares presenta este tipo de dificultad; por ejemplo, para el caso de la EPF, los gastos en vestido y calzado poseen un elevado número de ceros muestrales.

trabajar con datos de sección cruzada o de panel no profundizar en la modelización de las relaciones espaciales subyacentes entre los distintos elementos muestrales, pese a que a menudo la hipótesis de homogeneidad se vea rechazada (véase Baltagi y Griffin (1997)). De ahí que, en ocasiones, se haya hecho hincapié en la necesidad de combinar las observaciones disponibles en agrupaciones diferenciadas con las que estimar los correspondientes modelos, de modo que no sea necesario asumir la igualdad de coeficientes *a priori*. Una forma de hacerlo consiste en construir un pseudo panel espacial; esto es, un panel en el que se consideran una serie de categorías que integran observaciones correspondientes a diferentes individuos los cuales, por otra parte, difieren entre una y otra de esas categorías. Desde una perspectiva metodológica, hay diversas formas de agrupar las observaciones. Tradicionalmente, en Biología se ha venido utilizando el denominado análisis de conglomerados jerárquico ("*hierarchical cluster analysis*"; véanse Seber (1984) y Anderson (2003)) para llevar a cabo estudios taxonómicos. El principal obstáculo para su empleo en Economía radica en que, a menudo, el principio de clasificación jerárquica no es aplicable al no estar implícito en las estructuras que deben agruparse (véase Pujolar (2003b)).

No obstante, para un modelo de demanda, resulta pertinente introducir una segmentación por cuartiles de renta, al ser razonable suponer que los hogares ubicados en distintos cuartiles poseerán distintas preferencias, construyendo su cesta de consumo, por ejemplo, con productos con calidades (y, por ende, precios) diferenciadas respecto a los de cuartiles más elevados. Nótese, en todo caso, que esta segmentación en cuartiles no impone de antemano restricciones sobre el modelo. Por el contrario, posibilita contrastar de forma muy simple la hipótesis de homogeneidad de los coeficientes por categoría de hogar, obviándose los consiguientes problemas de falta de consistencia de los estimadores, caso de verse rechazada.

Derivemos la formulación resultante del modelo bajo el supuesto de que la base muestral sea de sección cruzada, al ser ésta la fuente disponible más fiable en el caso español[56] para la estimación de sistemas de demanda. En ese caso, puesto que la

[56] Pese a que en cierto número de estudios sobre el consumo se ha venido utilizando la ECPF para construir un panel de datos con periodicidad trimestral sobre el que llevar a cabo el análisis econométrico, su escaso grado de fiabilidad, así como el modo en que se elaboraba desaconsejan su utilización. En este sentido, más allá de la dudosa confiabilidad en alguna de las variables muestreadas, no debe olvidarse que el carácter rotatorio de la muestra hace que cualquier estimación en la que los hogares sean considerados individualmente deba tomarse con prudencia, puesto que entre dos períodos consecutivos las observaciones disponibles corresponden a unidades familiares distintas, excepto para una

variabilidad en los precios actúa sólo en la dimensión temporal, estos quedarán integrados en los parámetros del modelo, de acuerdo con la ecuación **(3.58)** del capítulo anterior. Por otra parte, siguiendo el mismo esquema de inclusión de errores de medición que el postulado en **(4.1)** y **(4.2)**, con la salvedad de que la dimensión temporal ya no va a figurar en sus expresiones, la ecuación para la proporción de gasto real análoga a **(4.3)** vendrá dada por:

$$w_{ij}^{*} = \alpha_{ij}^{*} + \beta_{ij}^{*} \ln x_{i}^{*} + \lambda_{ij}^{*} \left(\ln x_{i}^{*}\right)^{2} + \boldsymbol{\theta}_{ij}^{*\prime} \boldsymbol{z}_{i} + \boldsymbol{\phi}_{ij}^{*\prime} \left(\boldsymbol{z}_{i} \cdot \ln x_{i}^{*}\right) + \\ + \boldsymbol{\varphi}_{ij}^{*\prime} \left(\boldsymbol{z}_{i} \cdot \left(\ln x_{i}^{*}\right)^{2}\right) + v_{ij} \;\; \forall j \in \{1,\ldots,G\} \tag{4.7}$$

Sustituyendo los términos relativos a los errores de medida, simplificando y reagrupando términos, la ecuación para la proporción de gasto difiere formalmente de **(4.7)** en la estructura de su término de perturbación:

$$w_{ij} = \alpha_{ij}^{*} + \beta_{ij}^{*} \ln x_{i} + \lambda_{ij}^{*} \left(\ln x_{i}\right)^{2} + \boldsymbol{\theta}_{ij}^{*\prime} \boldsymbol{z}_{i} + \boldsymbol{\phi}_{ij}^{*\prime} \left(\boldsymbol{z}_{i} \cdot \ln x_{i}\right) + \\ + \boldsymbol{\varphi}_{ij}^{*\prime} \left(\boldsymbol{z}_{i} \cdot \left(\ln x_{i}\right)^{2}\right) + \varepsilon_{ij} \;\; \forall j \in \{1,\ldots,G\} \tag{4.8}$$

ya que $\varepsilon_{ij}$ es ahora:

$$\varepsilon_{ij} = \ln\left(1+\delta_{i}\right)\left\{\left(\beta_{ij}^{*} + \boldsymbol{\phi}_{ij}^{*\prime} \boldsymbol{z}_{i}\right) + \left(\left(\lambda_{ij}^{*} + \boldsymbol{\varphi}_{ij}^{*\prime} \boldsymbol{z}_{i}\right) \cdot \ln\left(x_{i}^{2}\left(1+\delta_{i}\right)\right)\right)\right\} + \\ + v_{ij} + \eta_{ij} \forall j \in \{1,\ldots,G\} \tag{4.9}$$

Nótese pues cómo, en relación con el modelo para datos de panel recogido por **(4.5)** y **(4.6)**, la complejidad formal es sensiblemente menor. De hecho, ahora las variables sociodemográficas dejan de figurar dentro de la función $a(\boldsymbol{p}_{it}, z_{it})$, apareciendo explícitamente tanto de forma lineal como a través de sus interacciones con el nivel de gasto.

Adicionalmente, si se quiere analizar la posible heterogeneidad espacial, vinculada a un determinado factor que permita inducir agrupaciones separables de hogares (por ejemplo, en términos de la pertenencia a un cuartil u otro de renta) entonces la especificación que deberá considerarse será:

---

fracción de las mismas. De hecho, el propio Instituto Nacional de Estadística (INE) dio por finalizada su elaboración a partir del segundo semestre de 1997. La nueva ECPF iniciada a partir de entonces se realiza bajo supuestos estadísticos distintos. Sin embargo, al ser el volumen de hogares sensiblemente inferior al de la EPF y tener aún una profundidad temporal modesta (sólo está disponible hasta el cuarto trimestre de 2001) las ventajas para analizar con un cierto nivel de robustez la variabilidad espacial de los modelos de demanda son discutibles.

$$w_{hij} = \alpha^*_{hij} + \beta^*_{hij} \ln x_{hi} + \lambda^*_{hij} \left(\ln x_{hi}\right)^2 + \boldsymbol{\theta}^{*\prime}_{hij} \boldsymbol{z}_{hi} + \boldsymbol{\phi}^{*\prime}_{hij} \left(\boldsymbol{z}_{hi} \cdot \ln x_{hi}\right) + \\ + \boldsymbol{\varphi}^{*\prime}_{hij} \left(\boldsymbol{z}_{hi} \cdot \left(\ln x_{hi}\right)^2\right) + \varepsilon_{hij} \ \forall h \in \{1,\ldots,H\} \ \forall j \in \{1,\ldots,G\} \quad \textbf{(4.10)}$$

donde el subíndice h va referido a los distintos grupos de hogares.

Solamente si como punto de partida se asume una relación funcional sin interacciones entre variables sociodemográficas y nivel de gasto, podrá simplificarse el proceso de instrumentalización. En ese caso, puesto que en lugar de **(3.58)** debe considerarse la relación **(3.61)** del capítulo anterior, la ecuación a estimar (admitiendo heterogeneidad espacial) vendrá dada por:

$$w_{hij} = \alpha^*_{hij} + \beta^*_{hij} \ln x_{hi} + \lambda^*_{hij} \left(\ln x_{hi}\right)^2 + \\ + \boldsymbol{\theta}^{*\prime}_{hij} \boldsymbol{z}_{hi} + \varepsilon_{hij} \forall h \in \{1,\ldots,H\} \ \forall j \in \{1,\ldots,G\} \quad \textbf{(4.11)}$$

siendo ahora el término de perturbación:

$$\varepsilon_{hij} = \ln\left(1+\delta_{hi}\right)\left\{\beta^*_{hij} + \lambda^*_{hij} \ln\left(x^2_{hi}\left(1+\delta_{hi}\right)\right)\right\} + \\ + v_{hij} + \eta_{hij} \forall h \in \{1,\ldots,H\} \ \forall j \in \{1,\ldots,G\} \quad \textbf{(4.12)}$$

Por último, por lo que respecta a la robustez de las estimaciones de aquellas ecuaciones para las que la proporción de gasto presenta valores nulos a nivel muestral, se hace necesario introducir una serie de reflexiones de carácter estadístico cuya extensión aconseja abordarlas de forma separada en el epígrafe siguiente.

## 4.2 Problemas econométricos en el tratamiento de los gastos nulos

Admitiendo que las curvas de Engel asociadas a cada tipo de bien pueden estimarse de forma autónoma, sin necesidad de llevar a cabo una estimación conjunta, la presencia de ceros muestrales podría abordarse, en principio, aplicando técnicas específicas para el tratamiento estadístico de variables dependientes con variación limitada. Sin embargo, la utilización de esos métodos descansa en una serie de presupuestos que, como veremos, comprometen seriamente su aplicación. Efectivamente, pese a su popularización en la investigación económica, habitualmente bajo la denominación de modelos tobit, su implementación conlleva la introducción de una serie de hipótesis muy restrictivas por lo que respecta a la distribución probabilística del término de perturbación, que a menudo no son tenidas en cuenta en su implementación. Son precisamente estas cuestiones las que han dado lugar a que el entusiasmo inicial con que fueron acogidos (véase, por ejemplo, el trabajo de McDonald y Moffitt (1980)) haya sido sustituido por un mayor distanciamiento crítico (véase Vella (1998)). Si adoptamos una aproximación paramétrica con la mayor generalidad posible, el tipo de especificación que debería considerarse responde a una formulación de la forma:

$$\left.\begin{array}{l} \begin{bmatrix} w^*_{1hij} \\ w^*_{2hij} \end{bmatrix} = \begin{bmatrix} X'_{1hij}\gamma_{1hj} \\ X'_{2hij}\gamma_{2hj} \end{bmatrix} + \begin{bmatrix} u_{1hij} \\ u_{2hij} \end{bmatrix} \\ w_{1hij} = \begin{cases} 1 \text{ si } w^*_{1hij} > 0 \\ 0 \text{ en el caso contrario} \end{cases} \\ w_{2hij} = \begin{cases} w^*_{2hij} \text{ si } w^*_{1hij} > 0 \\ 0 \text{ en el caso contrario} \end{cases} \end{array}\right\} \forall h \in \{1,\ldots,H\}\ \forall j \in J, J \subset \{1,\ldots,G\} \quad \textbf{(4.13)}$$

Donde (recuérdese que el subíndice i hace referencia al hogar i-ésimo):

$w^*_{1hij}$: variable latente (en el sentido de no ser observable en la totalidad de su rango) relativa al criterio que determina la decisión de gastar en el bien de tipo j-ésimo para el grupo de hogares de tipo h-ésimo.

$w^*_{2hij}$: variable latente (no observable en la totalidad de su rango) relativa a la cuantía de gasto en el bien de tipo j-ésimo para el grupo de hogares de tipo h-ésimo.

$w_{1hij}$: variable cualitativa observada relativa a la decisión de gastar en el bien de tipo j-ésimo de acuerdo con cierto criterio $w_{1hij}^*$(1 indica que dicho bien se adquiere y 0 si no lo es).

$w_{2hij}$: nivel de gasto observado en el bien de tipo j-ésimo para el grupo de hogares de tipo h-ésimo. Dicho valor es igual al de la variable latente $w_{2hij}^*$ cuando $w_{1hij}^* > 0$, y cero en caso contrario. Nótese cómo, en términos estocásticos, $w_{2hij}$ es una variable aleatoria mixta, en el sentido de que no es ni completamente continua ni completamente discreta, compartiendo ambos rasgos.

$\boldsymbol{X}_{1hij}, \boldsymbol{X}_{2hij}$: vectores de regresores observados para toda la muestra que actúan, respectivamente, sobre las variables latentes $w_{1hij}^*$y $w_{2hij}^*$. En el caso de $w_{2hij}^*$ dicho vector de regresores viene determinado por la ecuación **(4.10)**.

$\gamma_{1hj}, \gamma_{2hj}$ : vectores de parámetros asociados a los vectores de regresores $\boldsymbol{X}_{1hij}, \boldsymbol{X}_{2hij}$.

*J*: subconjunto de los bienes y servicios que componen la cesta de consumo con valores muestrales nulos.

La especificación se completa postulando una determinada estructura estocástica para los términos de perturbación:

$$\left.\begin{array}{l} \begin{bmatrix} u_{1hij} \\ u_{2hij} \end{bmatrix} \sim \text{i.i.d.} \left( \begin{bmatrix} 0 \\ 0 \end{bmatrix}, \begin{bmatrix} \sigma_{1hj}^2 & \sigma_{12hj} \\ \sigma_{12hj} & \sigma_{2hj}^2 \end{bmatrix} \right) \\ \begin{bmatrix} u_{1hij} \\ u_{2hij} \end{bmatrix}, \begin{bmatrix} \boldsymbol{X}_{1hij} \\ \boldsymbol{X}_{2hij} \end{bmatrix} \text{estocásticamente independientes} \end{array}\right\} \forall h \in \{1,\ldots,H\}\ \forall j \in J, J \subset \{1,\ldots,G\} \quad \textbf{(4.14)}$$

La modelización inducida por **(4.13)** y **(4.14)** constituye una generalización de los modelos tobit clásicos, estando dotada de un elevado grado de flexibilidad estadística, en el sentido de poderse adaptar fácilmente para captar distintos tipos de problemas muestrales[57] entre los que se cuenta la existencia de sesgos de selección o, en el contexto de las curvas de Engel, los problemas de infrecuencia de compra. Por otra parte, en relación con los modelos de gasto, su utilización es especialmente atractiva por cuanto presuponen un proceso secuencial de decisión: los agentes económicos

[57] Por esta razón, en la literatura econométrica se los conoce como modelos de selección muestral (véase Wooldridge (2002)).

deciden en primer lugar si adquieren o no un cierto bien de acuerdo con una serie de factores para, una vez tomada la decisión, determinar la cuantía de gasto atendiendo a otro conjunto de elementos, coincidentes o no con los anteriores. Asimismo, es fácil advertir su capacidad para anidar distintas variantes estadísticas. De entre éstas, tres son remarcables por su interés para el tratamiento de las curvas de Engel con ceros muestrales cuando su presencia no está motivada por problemas de infrecuencia de compra.

En primer lugar, si sucede que (véase Amemiya (1985)):

$$w^*_{1hij} = w^*_{2hij} (\Rightarrow \boldsymbol{X}'_{1hij}\gamma_{1hj} = \boldsymbol{X}'_{2hij}\gamma_{2hj}, \sigma^2_{1hj} = \sigma^2_{2hj} = \sigma_{12hj}) \qquad \textbf{(4.15)}$$

entonces se transforma en un modelo tobit clásico (también denominado tobit de tipo I o modelo clásico de regresión censurada). En ese caso, el proceso decisional implícito deja de poseer carácter secuencial para convertirse en simultáneo. Adicionalmente, en términos de racionalidad económica, es posible vincular la existencia de ceros muestrales con soluciones de esquina en el proceso de optimización de la función de utilidad (véanse Verbeek (2000) y Fry *et al.* (2001)).

En segundo lugar, cuando:

$$\boldsymbol{X}_{1hij} = \boldsymbol{X}_{2hij} \text{ pero } \gamma_{1hj} \neq \gamma_{2hj} \qquad \textbf{(4.16)}$$

se tiene un proceso secuencial que combina un modelo de elección discreta con un modelo de regresión con truncamiento (véanse Cragg (1971) y Gouriéroux (2000)).

Finalmente, si los términos de perturbación son estocásticamente independientes entre sí, la ecuación de nivel de gasto es estimable como un modelo de regresión clásico considerando la submuestra de valores positivos únicamente (véase Gouriéroux (2000)). Sin embargo, el mayor inconveniente de la modelización definida por **(4.13)** y **(4.14)** radica en la necesidad de postular *a priori* un determinado mecanismo probabilístico para los términos de perturbación, mucho más restrictivo que el simple supuesto de que están idéntica e independientemente distribuidos.

Alternativas de estimación por métodos semiparamétricos (véanse Pagan y Ullah (1999) y Wooldridge (2002) para una aproximación econométrica de carácter genérico; Melenberg y Van Soest (1996) y Martins (2001) para aplicaciones sobre curvas de Engel) a través del estimador LAD ("least absolute deviation") u otras variantes como el método de momentos simulados (véase Gouriéroux y Monfort (1996)) además de estar sujetas a una elevada complejidad computacional, también requieren de la imposición de supuestos *ad hoc*[58].

Ahondemos en la estructura probabilística de **(4.14)** e introduzcamos el supuesto habitual acerca de que la distribución conjunta de los términos de perturbación sigue una distribución normal bivariante. En principio, la estimación consistente del modelo puede efectuarse por máxima verosimilitud (ML) o bien aplicando el procedimiento en dos fases de Heckman (véase Wooldridge (2002)). Este último, pese a no ser asintóticamente eficiente, es usado profusamente en la investigación aplicada en presencia de variables dependientes con variación limitada por su mayor simplicidad computacional. No obstante, con demasiada frecuencia se olvida que la consistencia de ambos estimadores depende crucialmente de los supuestos de homoscedasticidad y de normalidad de las perturbaciones, así como de la ausencia de problemas de endogeneidad.

La existencia de heteroscedasticidad puede corregirse integrando la estructura de la misma, caso de ser conocida, en la función de máxima verosimilitud (véase Vella (1998)) mientras que la endogeneidad de las variables explicativas puede, bajo determinadas condiciones, afrontarse con la aplicación de métodos instrumentales de estimación (véanse Qian y Schmidt (1999) y Angrist (2001)). Por el contrario, la falta de normalidad, careciéndose de cualquier indicación sobre la función de densidad de las perturbaciones, constituye un obstáculo insalvable para la estimación por métodos paramétricos del modelo.

En el caso del procedimiento de Heckman, la distorsión causada es particularmente grave por cuanto invalida la esencia misma del método. De hecho, el fundamento último de éste descansa en la descomposición de la esperanza condicional de la variable $w_{2hij}$.

¿Qué ocurre cuando no hay normalidad? Veámoslo. Para ello nótese que partiendo del modelo definido por **(4.13)**, **(4.14)** y usando propiedades del operador esperanza condicional[59] es posible escribir a partir de **(4.13)**:

[58] En el caso del estimador LAD es preciso que la distribución sea simétrica en torno a 0 y con mediana también nula (véanse Vella (1998) y Wooldridge (2002)).

[59] Véase Ash y Doléans-Dade (2000) para una discusión de los fundamentos probabilísticos de las propiedades de la esperanza condicional.

$$E\left[w_{2hij}\left|w_{1hij}=1,\boldsymbol{X}_{1hij},\boldsymbol{X}_{2hij}\right.\right]=E\left[\boldsymbol{X}'_{2hij}\boldsymbol{\gamma}_{2hj}+u_{2hij}\left|w_{1hij}=1,\boldsymbol{X}_{1hij},\boldsymbol{X}_{2hij}\right.\right]=$$
$$=\boldsymbol{X}'_{2hij}\boldsymbol{\gamma}_{2hj}+E\left[u_{2hij}\left|w_{1hij}=1,\boldsymbol{X}_{1hij},\boldsymbol{X}_{2hij}\right.\right]=$$
$$=\boldsymbol{X}'_{2hij}\boldsymbol{\gamma}_{2hj}+E\left[u_{2hij}\left|w_{1hij}=1\right.\right]\equiv$$
$$\equiv\boldsymbol{X}'_{2hij}\boldsymbol{\gamma}_{2hj}+E\left[u_{2hij}\left|u_{1hij}\geq-\boldsymbol{X}'_{1hij}\boldsymbol{\gamma}_{1hj}\right.\right] \quad \textbf{(4.17)}$$

donde se llega a la última igualdad en la medida en que el supuesto de independencia estocástica entre el vector de perturbaciones y el vector de regresores sea válido (recuérdese la segunda parte de **(4.14)**).

Si no se introducen hipótesis adicionales, el término final de esperanza condicional no será evaluable. En primer lugar, para facilitar la identificación de los vectores de parámetros, debe agregarse a la ecuación **(4.14)** una restricción de normalización sobre la varianza de la primera componente del vector de perturbaciones[60]:

$$\sigma^2_{1hj}=1\;\forall h\in\{1,\ldots,H\}\;\forall j\in J, J\subset\{1,\ldots,G\} \quad \textbf{(4.18)}$$

Por otra parte, es preciso que se verifique:

$$E\left[u_{2hij}\left|u_{1hij}\right.\right]=\delta_{hj}u_{1hij} \quad \textbf{(4.19)}$$

en otros términos, que la esperanza condicional anterior sea una función lineal de $u_{1hij}$, ya que en ese caso es posible razonar del modo siguiente[61]:

$$E\left[u_{2hij}\left|u_{1hij}\right.\right]=\delta_{hj}u_{1hij}\Rightarrow E\left[E\left[u_{2hij}\left|u_{1hij}\right.\right]\left|u_{1hij}\geq-\boldsymbol{X}'_{1hij}\boldsymbol{\gamma}_{1hj}\right.\right]=$$
$$=\delta_{hj}E\left[u_{1hij}\left|u_{1hij}\geq-\boldsymbol{X}'_{1hij}\boldsymbol{\gamma}_{1hj}\right.\right]=\delta_{hj}\int_{-\boldsymbol{X}'_{1hij}\boldsymbol{\gamma}_{1hj}}^{\infty}u_{1hij}f_{u_{1hij}}\left(u_{1hij}\left|u_{1hij}\geq-\boldsymbol{X}'_{1hij}\boldsymbol{\gamma}_{1hj}\right.\right)du_{1hij}=$$
$$=\left(\frac{\delta_{hj}}{1-F_{u_{1hij}}(-\boldsymbol{X}'_{1hij}\boldsymbol{\gamma}_{1hj})}\right)\int_{-\boldsymbol{X}'_{1hij}\boldsymbol{\gamma}_{1hj}}^{\infty}u_{1hij}f_{u_{1hij}}\left(u_{1hij}\right)du_{1hij} \quad \textbf{(4.20)}$$

Ahora bien, por la propiedad de las esperanzas condicionales iteradas:

$$E\left[E\left[u_{2hij}\left|u_{1hij}\right.\right]\left|u_{1hij}\geq-\boldsymbol{X}'_{1hij}\boldsymbol{\gamma}_{1hj}\right.\right]\equiv E\left[u_{2hij}\left|u_{1hij}\geq-\boldsymbol{X}'_{1hij}\boldsymbol{\gamma}_{1hj}\right.\right] \quad \textbf{(4.21)}$$

---

60 Dicha restricción no redunda en ninguna pérdida de generalidad (véase Wooldridge (2002)).

61 Los símbolos *f* y *F* designan a las funciones de densidad y de distribución, respectivamente. Para una definición formal de las funciones de densidad y de distribución en el caso de variables aleatorias truncadas, véase Dudewicz y Mishra (1988). Recuérdese, finalmente, que para una variable aleatoria Z cualquiera truncada en c, se verifica $f_z(Z|Z>c) = f_z(Z)/(1 - F_z(c))$.

De modo que combinando **(4.20)** y **(4.21)** se puede concluir el resultado que buscábamos:

$$E\left[u_{2hij}\left|u_{1hij}\geq -\boldsymbol{X}'_{1hij}\boldsymbol{\gamma}_{1hj}\right.\right]=\left(\frac{\delta_{hj}}{1-F_{u_{1hij}}(-\boldsymbol{X}'_{1hij}\boldsymbol{\gamma}_{1hj})}\right)\int_{-\boldsymbol{X}'_{1hij}\boldsymbol{\gamma}_{1hj}}^{\infty}u_{1hij}f_{u_{1hij}}\left(u_{1hij}\right)du_{1hij} \qquad \textbf{(4.22)}$$

y, en consecuencia, que:

$$E\left[w_{2hij}\left|w_{1hij}=1,\boldsymbol{X}_{1hij},\boldsymbol{X}_{2hij}\right.\right]=\boldsymbol{X}'_{2hij}\boldsymbol{\gamma}_{2hj}+$$
$$+\left(\frac{\delta_{hj}}{1-F_{u_{1hij}}(-\boldsymbol{X}'_{1hij}\boldsymbol{\gamma}_{1hj})}\right)\int_{-\boldsymbol{X}'_{1hij}\boldsymbol{\gamma}_{1hj}}^{\infty}u_{1hij}f_{u_{1hij}}\left(u_{1hij}\right)du_{1hij} \qquad \textbf{(4.23)}$$

¿Es suficiente la hipótesis de linealidad? No, puesto que la evaluación del último término integral depende de cuál sea la función de densidad que se considere. Esta es la tercera hipótesis que debe incorporarse para poder efectuar una estimación de carácter paramétrico. En concreto, bajo **(4.18)** y **(4.19)**, si además la distribución de $u_{1hij}$ es normal va a suceder que[62]:

$$\begin{cases}\delta_{hj}=\sigma_{12hj}\\[4pt] \left(\dfrac{1}{1-F_{u_{1hij}}\left(-\boldsymbol{X}'_{1hij}\boldsymbol{\gamma}_{1hj}\right)}\right)\displaystyle\int_{-\boldsymbol{X}'_{1hij}\boldsymbol{\gamma}_{1hj}}^{\infty}u_{1hij}f\left(u_{1hij}\right)du_{1hij}=\dfrac{f_{u_{1hij}}\left(\boldsymbol{X}'_{1hij}\boldsymbol{\gamma}_{1hj}\right)}{1-F_{u_{1hij}}\left(-\boldsymbol{X}'_{1hij}\boldsymbol{\gamma}_{1hj}\right)}=\\[4pt] \qquad =\dfrac{f_{u_{1hij}}\left(\boldsymbol{X}'_{1hij}\boldsymbol{\gamma}_{1hj}\right)}{F_{u_{1hij}}\left(\boldsymbol{X}'_{1hij}\boldsymbol{\gamma}_{1hj}\right)}\equiv\lambda\left(\boldsymbol{X}'_{1hij}\boldsymbol{\gamma}_{1hj}\right)\end{cases} \qquad \textbf{(4.24)}$$

y, en consecuencia, podrá aplicarse el procedimiento de Heckman. De hecho, este es el resultado que habitualmente se encuentra en la literatura econométrica y que se ha popularizado gracias a la facilidad con que se calcula con ayuda de software especializado pese a que, como hemos visto, no es más que un caso particular de **(4.22)**. A menudo, por otra parte, se incurre ingenuamente en el error de creer que la inclusión de la inversa de la razón de Mills en la ecuación correspondiente al nivel de gasto observado $w_{2hij}$ interviene como un factor de corrección que posibilita el anidamiento, como caso particular, de la ecuación de gastos. Paradójicamente, en lugar de

---

62 En el primer término de **(4.24)** no aparece la varianza como cociente debido a la restricción **(4.18)**. Por otra parte, téngase en cuenta que el último factor de la ecuación es conocido como la inversa de la razón de Mills (Wooldridge (2002)). Finalmente, adviértase que con la normalidad de $u_{1hij}$ y la linealidad de la esperanza condicional no es necesario imponer el supuesto habitual de que el vector de términos de perturbación sigue una distribución normal bivariante, al ser esta última cuestión una condición suficiente pero no necesaria de las dos anteriores. Este último caso, por otra parte, es referenciado en ocasiones como tobit II (véase Amemiya (1985)).

mejorar la calidad de las estimaciones las empeora puesto que, en un plano estadístico y a no ser que podamos asegurar con certeza la normalidad de $u_{1hij}$, estamos asumiendo que, cuando menos, se aproxima adecuadamente el término integral de **(4.24)**, cosa que, en general, no va a ser cierta. Completemos el análisis econométrico estudiando los efectos marginales de los regresores sobre la variable dependiente observable $w_{2hij}$, al ser éste un aspecto fundamental para evaluar adecuadamente el comportamiento económico del modelo.

La expresión de dichos efectos marginales cuando la especificación corresponde a un modelo tobit I y la distribución postulada para el término de perturbación de la regresión censurada es normal es un resultado perfectamente establecido en la literatura (véase, por ejemplo, Wooldridge (2002)). Para una distribución genérica desconocida, Greene (1999) efectúa una deducción muy limitada (en el sentido de no contemplar más que un tipo de efectos marginales circunscritos a modelos de tipo tobit I). En realidad, sus resultados no son en ningún caso aplicables a un modelo generalizado de selección muestral como el definido mediante **(4.13)**, **(4.14)** y los supuestos **(4.18)** (de normalización) y **(4.19)** (linealidad de la esperanza condicional). Procedamos a su deducción, en el bien entendido que el resultado que se demuestra es totalmente independiente del contexto de la estimación de las curvas de Engel y que, por lo tanto, el término x no guarda ninguna relación con el nivel de gasto *x*; denotando simplemente a una variable cualquiera del conjunto de regresores. Para ello nótese, en primer lugar, que es factible considerar dos tipos de efectos:

$$\begin{cases} \dfrac{\partial E\left[w_{2hij}\middle| w_{1hij}=1, \boldsymbol{X}_{1hij}, \boldsymbol{X}_{2hij}\right]}{\partial \mathrm{x}_{\mathrm{hijs}_1}} \forall s_1 \in \{1,\ldots,\mathrm{K}_1\} \\ \dfrac{\partial E\left[w_{2hij}\middle| w_{1hij}=1, \boldsymbol{X}_{1hij}, \boldsymbol{X}_{2hij}\right]}{\partial \mathrm{x}_{\mathrm{hijs}_2}} \forall s_2 \in \{1,\ldots,\mathrm{K}_2\} \end{cases} \tag{4.25}$$

Esto es, por una parte, el efecto asociado a una variable que forme parte del vector de regresores que interviene en la determinación de la primera etapa del proceso decisional (se adquiere o no un cierto bien en el caso de los modelos de demanda) y, por otra, el efecto vinculado a una variable que actúe en la segunda fase: la de la cuantía (de gasto si nos referimos a los modelos de demanda). El primer caso es identificado con el subíndice $s_1$ mientras que el segundo lo es mediante $s_2$. Computemos las derivadas anteriores sobre **(4.23)**, teniendo en cuenta que la única dificultad técnica es la necesidad de derivar bajo el signo integral, para lo cual deberemos utilizar la llamada regla de Leibniz (véase Jones (2001)):

$$\frac{\partial E\left[w_{2hij}\left|w_{1hij}=1,\boldsymbol{X}_{\boldsymbol{1hij}},\boldsymbol{X}_{\boldsymbol{2hij}}\right.\right]}{\partial \mathrm{x}_{\mathrm{hijs}_1}}=\frac{\partial \boldsymbol{X}'_{\boldsymbol{2hij}}\boldsymbol{\gamma}_{\boldsymbol{2hj}}}{\partial \mathrm{x}_{\mathrm{hijs}_1}}+$$

$$+\frac{\partial\left[\left(\dfrac{\delta_{hj}}{1-F_{u_{1hij}}(-\boldsymbol{X}'_{\boldsymbol{1hij}}\boldsymbol{\gamma}_{\boldsymbol{1hj}})}\right)\displaystyle\int_{-X'_{1hij}\gamma_{1hj}}^{\infty}u_{1hij}f_{u_{1hij}}\left(u_{1hij}\right)du_{1hij}\right]}{\partial \mathrm{x}_{\mathrm{hijs}_1}} \qquad \textbf{(4.26)}$$

Si la variable sobre la que se calcula el efecto no forma parte del vector $\boldsymbol{X}_{\boldsymbol{2hij}}$ el primer sumando será nulo. Desglosemos el segundo de los sumandos en distintos elementos para facilitar su cálculo:

$$\frac{\partial\left[\left(\dfrac{\delta_{hj}}{1-F_{u_{1hij}}(-\boldsymbol{X}'_{\boldsymbol{1hij}}\boldsymbol{\gamma}_{\boldsymbol{1hj}})}\right)\displaystyle\int_{-X'_{1hij}\gamma_{1hj}}^{\infty}u_{1hij}f_{u_{1hij}}\left(u_{1hij}\right)du_{1hij}\right]}{\partial \mathrm{x}_{\mathrm{hijs}_1}}=$$

$$=\frac{\partial\left(\dfrac{\delta_{hj}}{1-F_{u_{1hij}}(-\boldsymbol{X}'_{\boldsymbol{1hij}}\boldsymbol{\gamma}_{\boldsymbol{1hj}})}\right)}{\partial \mathrm{x}_{\mathrm{hijs}_1}}\cdot\int_{-X'_{1hij}\gamma_{1hj}}^{\infty}u_{1hij}f_{u_{1hij}}\left(u_{1hij}\right)du_{1hij}+$$

$$+\left(\frac{\delta_{hj}}{1-F_{u_{1hij}}(-\boldsymbol{X}'_{\boldsymbol{1hij}}\boldsymbol{\gamma}_{\boldsymbol{1hj}})}\right)\cdot\frac{\partial\displaystyle\int_{-X'_{1hij}\gamma_{1hj}}^{\infty}u_{1hij}f_{u_{1hij}}\left(u_{1hij}\right)du_{1hij}}{\partial \mathrm{x}_{\mathrm{hijs}_1}} \qquad \textbf{(4.27)}$$

Operemos ahora por bloques derivando en primer lugar el término integral:

$$\frac{\partial\displaystyle\int_{-X'_{1hij}\gamma_{1hj}}^{\infty}u_{1hij}f_{u_{1hij}}\left(u_{1hij}\right)du_{1hij}}{\partial \mathrm{x}_{\mathrm{hijs}_1}}=\int_{-X'_{1hij}\gamma_{1hj}}^{\infty}\frac{\partial\left(u_{1hij}f_{u_{1hij}}\left(u_{1hij}\right)\right)}{\partial \mathrm{x}_{\mathrm{hijs}_1}}du_{1hij}+$$

$$+\lim_{\zeta\to\infty}\left(\left(\zeta f_{u_{1hij}}(\zeta)\frac{\partial\zeta}{\partial \mathrm{x}_{\mathrm{hijs}_1}}\right)\right)-\left(\left(-\boldsymbol{X}'_{\boldsymbol{1hij}}\boldsymbol{\gamma}_{\boldsymbol{1hj}}\right)\left(f_{u_{1hij}}\left(-\boldsymbol{X}'_{\boldsymbol{1hij}}\boldsymbol{\gamma}_{\boldsymbol{1hj}}\right)\right)\frac{\partial\left(-\boldsymbol{X}'_{\boldsymbol{1hij}}\boldsymbol{\gamma}_{\boldsymbol{1hj}}\right)}{\partial \mathrm{x}_{\mathrm{hijs}_1}}\right) \qquad \textbf{(4.28)}$$

El primer término es nulo, siempre y cuando sea válido el supuesto de independencia estocástica[63] definido por **(4.14)**. Igual sucede con el segundo, al ser invariante $\zeta$ respecto de la variable de derivación.

En cuanto al tercero, efectuando operaciones algebraicas elementales se tiene:

$$-\left[\left(-\boldsymbol{X}'_{1hij}\gamma_{1hj}\right)\left(f_{u_{1hij}}\left(-\boldsymbol{X}'_{1hij}\gamma_{1hj}\right)\right)\frac{\partial\left(-\boldsymbol{X}'_{1hij}\gamma_{1hj}\right)}{\partial \mathrm{x}_{hijs_1}}\right]=$$

$$=-\left(-\boldsymbol{X}'_{1hij}\gamma_{1hj}\right)\left(f_{u_{1hij}}\left(-\boldsymbol{X}'_{1hij}\gamma_{1hj}\right)\right)\left(-\gamma_{1hjs_1}\right)=-\boldsymbol{X}'_{1hij}\gamma_{1hj}f_{u_{1hij}}\left(-\boldsymbol{X}'_{1hij}\gamma_{1hj}\right)\gamma_{1hjs_1} \quad \textbf{(4.29)}$$

En consecuencia:

$$\frac{\partial\displaystyle\int_{-\boldsymbol{X}'_{1hij}\gamma_{1hj}}^{\infty} u_{1hij}f_{u_{1hij}}\left(u_{1hij}\right)du_{1hij}}{\partial \mathrm{x}_{hijs_1}}=-\left(\boldsymbol{X}'_{1hij}\gamma_{1hj}\right)\left(f_{u_{1hij}}\left(-\boldsymbol{X}'_{1hij}\gamma_{1hj}\right)\right)\gamma_{1hjs_1} \quad \textbf{(4.30)}$$

La relación anterior nos permite disponer ya de la segunda parte de la expresión **(4.27)** puesto que, según lo que llevamos demostrado hasta ahora, hemos determinado que:

$$\left(\frac{\delta_{hj}}{1-F_{u_{1hij}}(-\boldsymbol{X}'_{1hij}\gamma_{1hj})}\right)\cdot\frac{\partial\displaystyle\int_{-\boldsymbol{X}'_{1hij}\gamma_{1hj}}^{\infty} u_{1hij}f_{u_{1hij}}\left(u_{1hij}\right)du_{1hij}}{\partial \mathrm{x}_{hijs_1}}=$$

$$=\frac{\delta_{hj}\left(-\left(\boldsymbol{X}'_{1hij}\gamma_{1hj}\right)\left(f_{u_{1hij}}\left(-\boldsymbol{X}'_{1hij}\gamma_{1hj}\right)\right)\gamma_{1hjs_1}\right)}{\left(1-F_{u_{1hij}}(-\boldsymbol{X}'_{1hij}\gamma_{1hj})\right)}=$$

$$=\frac{-\delta_{hj}\left(\boldsymbol{X}'_{1hij}\gamma_{1hj}\right)\left(f_{u_{1hij}}\left(-\boldsymbol{X}'_{1hij}\gamma_{1hj}\right)\right)\gamma_{1hjs_1}}{1-F_{u_{1hij}}(-\boldsymbol{X}'_{1hij}\gamma_{1hj})} \quad \textbf{(4.31)}$$

Nos queda solamente por calcular la primera parte de **(4.27)**, que matemáticamente no conlleva especiales dificultades:

---

63 Recuérdese que, si dos vectores aleatorios son estocásticamente independientes y consideramos dos funciones vectoriales medibles, una sobre cada uno de ellos, los vectores aleatorios resultantes también serán estocásticamente independientes (véase Davidson (1994)). Esto comporta, en particular, la independencia estocástica entre $u_{1hij}$ y $\mathrm{x}_{hijs1}$.

$$\frac{\partial\left(\dfrac{\delta_{hj}}{1-F_{u_{1hij}}(-X'_{1hij}\gamma_{1hj})}\right)}{\partial x_{hijs_1}}\cdot\int_{-X'_{1hij}\gamma_{1hj}}^{\infty} u_{1hij} f_{u_{1hij}}(u_{1hij})\,du_{1hij}=$$

$$=\left(\frac{-\delta_{hj}\left(-\dfrac{\partial F_{u_{1hij}}(-X'_{1hij}\gamma_{1hj})}{\partial x_{hijs_1}}\right)\cdot\displaystyle\int_{-X'_{1hij}\gamma_{1hj}}^{\infty} u_{1hij} f_{u_{1hij}}(u_{1hij})\,du_{1hij}}{\left(1-F_{u_{1hij}}(-X'_{1hij}\gamma_{1hj})\right)^2}\right)=$$

$$=\left(\frac{-\delta_{hj}\left(-\left(-\gamma_{1hjs_1}\right)f_{u_{1hij}}(-X'_{1hij}\gamma_{1hj})\right)\displaystyle\int_{-X'_{1hij}\gamma_{1hj}}^{\infty} u_{1hij} f_{u_{1hij}}(u_{1hij})\,du_{1hij}}{\left(1-F_{u_{1hij}}(-X'_{1hij}\gamma_{1hj})\right)^2}\right)=$$

$$=-\left(\frac{\delta_{hj}\gamma_{1hjs_1} f_{u_{1hij}}(-X'_{1hij}\gamma_{1hj})\displaystyle\int_{-X'_{1hij}\gamma_{1hj}}^{\infty} u_{1hij} f_{u_{1hij}}(u_{1hij})\,du_{1hij}}{\left(1-F_{u_{1hij}}(-X'_{1hij}\gamma_{1hj})\right)^2}\right) \qquad \textbf{(4.32)}$$

Finalmente, ya estamos en condiciones de conocer la expresión del efecto marginal. Sustituyendo **(4.31)**, **(4.32)** en **(4.26)** y recordando que el primer factor de dicha expresión era nulo, llegamos a:

$$\frac{\partial E\left[w_{2hij}\,\middle|\,w_{1hij}=1,X_{1hij},X_{2hij}\right]}{\partial x_{hijs_1}}=-\frac{\delta_{hj}\left(X'_{1hij}\gamma_{1hj}\right)\left(f_{u_{1hij}}\left(-X'_{1hij}\gamma_{1hj}\right)\right)\gamma_{1hjs_1}}{1-F_{u_{1hij}}(-X'_{1hij}\gamma_{1hj})}-$$

$$-\left(\frac{\delta_{hj}\gamma_{1hjs_1} f_{u_{1hij}}(-X'_{1hij}\gamma_{1hj})\displaystyle\int_{-X'_{1hij}\gamma_{1hj}}^{\infty} u_{1hij} f_{u_{1hij}}(u_{1hij})\,du_{1hij}}{\left(1-F_{u_{1hij}}(-X'_{1hij}\gamma_{1hj})\right)^2}\right) \qquad \textbf{(4.33)}$$

¿Qué ocurre con el segundo efecto marginal? Veámoslo. Puesto que, siguiendo un proceso análogo al empleado para llegar a **(4.26)**, se tiene:

$$\frac{\partial E\left[w_{2hij} \middle| w_{1hij}=1,\boldsymbol{X}_{1hij},\boldsymbol{X}_{2hij}\right]}{\partial \mathrm{x}_{\mathrm{hijs}_2}} = \frac{\partial \boldsymbol{X}'_{2hij}\gamma_{2hj}}{\partial \mathrm{x}_{\mathrm{hijs}_2}} +$$

$$+\frac{\partial\left[\left(\dfrac{\delta_{hj}}{1-F_{u_{1hij}}(-\boldsymbol{X}'_{1hij}\gamma_{1hj})}\right)\displaystyle\int_{-\boldsymbol{X}'_{1hij}\gamma_{1hj}}^{\infty} u_{1hij} f_{u_{1hij}}\left(u_{1hij}\right) du_{1hij}\right]}{\partial \mathrm{x}_{\mathrm{hijs}_2}} \qquad \textbf{(4.34)}$$

Afortunadamente, el segundo sumando será nulo si $x_{hijs2}$ no forma parte del vector[64] $\boldsymbol{X}_{1hij}$ y en esa tesitura el efecto marginal es:

$$\frac{\partial E\left[w_{2hij} \middle| w_{1hij}=1,\boldsymbol{X}_{1hij},\boldsymbol{X}_{2hij}\right]}{\partial \mathrm{x}_{\mathrm{hijs}_2}} = \gamma_{2hjs_2} \qquad \textbf{(4.35)}$$

Obviamente, el valor de **(4.34)** depende de la distribución estadística que se postule para $u_{1hij}$. Por lo que respecta a la aplicación práctica, al tratarse de un resultado novedoso, el software estadístico y econométrico no lo calcula de forma automática. Sin embargo, pueden programarse las correspondientes rutinas de automatización sin mayores dificultades. Los resultados que hemos demostrado pueden aplicarse directamente para calcular variantes concretas del caso general. Así, para los modelos de regresión censurada, si usamos **(4.15)** podremos simplificar la estructura general al no existir más que una variable latente y un término de perturbación. Por lo tanto, los efectos marginales deberán calcularse partiendo simplemente de[65]:

$$E\left[w_{hij} \middle| w_{hij}>0,\boldsymbol{X}_{hij}\right] = \boldsymbol{X}'_{hij}\gamma_{hj} +$$

$$+\left(\frac{1}{1-F_{u_{hij}}(-\boldsymbol{X}'_{hij}\gamma_{hj})}\right)\int_{-\boldsymbol{X}'_{hij}\gamma_{hj}}^{\infty} u_{hij} f_{u_{hij}}\left(u_{hij}\right) du_{hij} \qquad \textbf{(4.36)}$$

donde los subíndices 1, 2 se han suprimido por no ser ya necesarios mientras que $\delta_{hj}$ es ahora la unidad, ya que la relación **(4.19)** se transforma en:

$$E\left[u_{hij} \middle| u_{hij}\right] \equiv u_{hij} \qquad \textbf{(4.37)}$$

---

[64] En realidad, la consideración de que $\boldsymbol{X}_{1hij}$ y $\boldsymbol{X}_{2hij}$ tienen elementos comunes no ocasionaría especiales dificultades. Sólo haría más árido el proceso de deducción algebraico.

[65] Puesto que habíamos impuesto una restricción de normalización, la varianza del término de perturbación se presupone unitaria. De no serlo, simplemente deberíamos introducir un factor de escala.

Por otra parte, el efecto marginal se obtendrá como agregación de **(4.33)** y **(4.35)** dado que ahora tenemos un único vector de variables. De este modo, podemos concluir:

$$\frac{\partial E\left[w_{hij}\left|w_{hij}>0,\boldsymbol{X}_{hij}\right.\right]}{\partial \mathrm{x}_{\mathrm{hijs}}}=\gamma_{hijs}-\frac{\left(\boldsymbol{X}'_{hij}\gamma_{hj}\right)\left(f_{u_{1hij}}\left(-\boldsymbol{X}'_{hij}\gamma_{hj}\right)\right)\gamma_{hjs}}{1-F_{u_{hij}}(-\boldsymbol{X}'_{hij}\gamma_{hj})}-$$

$$-\left(\frac{\gamma_{hjs}f_{u_{hij}}(-\boldsymbol{X}'_{hij}\gamma_{hj})\displaystyle\int_{-\boldsymbol{X}'_{hij}\gamma_{hj}}^{\infty}u_{hij}f_{u_{hij}}\left(u_{hij}\right)du_{hij}}{\left(1-F_{u_{hij}}(-\boldsymbol{X}'_{hij}\gamma_{hj})\right)^{2}}\right) \quad \textbf{(4.38)}$$

Asimismo, en el marco de un modelo de regresión censurada, resulta factible considerar otro tipo de efecto marginal, vinculado a $E\left[w_{hij}\left|\boldsymbol{X}_{hij}\right.\right]$ puesto que ahora no se produce ningún tipo de truncamiento muestral, sólo hay un fenómeno de censura (para una discusión acerca de las diferencias entre truncamiento y censura, véase Wooldridge (2002)). El proceso a seguir para calcularlo es muy sencillo disponiendo de los resultados demostrados anteriormente.

Para ello, recordando que $w_{hij}$ es una variable aleatoria mixta, utilicemos en primer lugar la propiedad siguiente:

$$\begin{aligned}E\left[w_{hij}\left|\boldsymbol{X}_{hij}\right.\right]&=0\cdot P\left(w_{hij}=0\left|\boldsymbol{X}_{hij}\right.\right)+E\left[w_{hij}\left|w_{hij}>0,\boldsymbol{X}_{hij}\right.\right]\cdot P\left(w_{hij}>0\left|\boldsymbol{X}_{hij}\right.\right)=\\&=E\left[w_{hij}\left|w_{hij}>0,\boldsymbol{X}_{hij}\right.\right]\cdot\left(1-P\left(w_{hij}\le 0\left|\boldsymbol{X}_{hij}\right.\right)\right)\equiv\\&\equiv E\left[w_{hij}\left|w_{hij}>0,\boldsymbol{X}_{hij}\right.\right]\cdot\left(1-F_{u_{hij}}\left(-\boldsymbol{X}'_{hij}\gamma_{hj}\right)\right)\end{aligned} \quad \textbf{(4.39)}$$

Y, consecuentemente, el efecto marginal buscado será:

$$\begin{aligned}\frac{\partial E\left[w_{hij}\left|\boldsymbol{X}_{hij}\right.\right]}{\partial \mathrm{x}_{\mathrm{hijs}}}&=\frac{\partial E\left[w_{hij}\left|w_{hij}>0,\boldsymbol{X}_{hij}\right.\right]}{\partial \mathrm{x}_{\mathrm{hijs}}}\cdot\left(1-F_{u_{hij}}\left(-\boldsymbol{X}'_{hij}\gamma_{hj}\right)\right)+\\&+E\left[w_{hij}\left|w_{hij}>0,\boldsymbol{X}_{hij}\right.\right]\cdot\left(-\frac{\partial F_{u_{hij}}\left(-\boldsymbol{X}'_{hij}\gamma_{hj}\right)}{\partial \mathrm{x}_{\mathrm{hijs}}}\right)=\\&=\frac{\partial E\left[w_{hij}\left|w_{hij}>0,\boldsymbol{X}_{hij}\right.\right]}{\partial \mathrm{x}_{\mathrm{hijs}}}\cdot\left(1-F_{u_{hij}}\left(-\boldsymbol{X}'_{hij}\gamma_{hj}\right)\right)+\\&+E\left[w_{hij}\left|w_{hij}>0,\boldsymbol{X}_{hij}\right.\right]\cdot f_{u_{hij}}\left(-\boldsymbol{X}'_{hij}\gamma_{hj}\right)\gamma_{hjs}\end{aligned} \quad \textbf{(4.40)}$$

Si sustituimos **(4.36)** y **(4.38)** en **(4.40)**, y tras simplificar términos, se deduce la expresión deseada:

$$\frac{\partial E\left[w_{hij}\left|\boldsymbol{X}_{\boldsymbol{hij}}\right.\right]}{\partial \mathrm{x}_{\mathrm{hijs}}}=\gamma_{hjs}\left(1-F_{u_{hij}}\left(-\boldsymbol{X}_{\boldsymbol{hij}}^{\prime}\boldsymbol{\gamma}_{\boldsymbol{hj}}\right)\right) \qquad \textbf{(4.41)}$$

Así pues, **(4.38)** y **(4.41)** constituyen las formulaciones de carácter general para modelos de regresión censurada. Ilustremos su utilidad calculando los efectos marginales considerando dos de las opciones más utilizadas en Econometría: la distribución logística y la distribución normal.

Procedamos en primer lugar con una distribución logística de parámetros a = 0 y b =1. En ese caso, empleando resultados clásicos de la literatura estadística (véase, por ejemplo, Johnson *et al.* (1994-1995)), la media de la variable aleatoria $u_{hij}$ será nula y su varianza $\pi^2/3$. Adicionalmente, a partir de las propiedades de esta parametrización se obtiene (véase Johnson *et al.* (1994-1995)):

$$\int_{-\boldsymbol{X}_{\boldsymbol{hij}}^{\prime}\boldsymbol{\gamma}_{\boldsymbol{hj}}}^{\infty} u_{hij} f_{u_{hij}}\left(u_{hij}\right) du_{hij}=-\ln\left(F_{u_{hij}}\left(-\boldsymbol{X}_{\boldsymbol{hij}}^{\prime}\boldsymbol{\gamma}_{\boldsymbol{hj}}\right)\right)-\boldsymbol{X}_{\boldsymbol{hij}}^{\prime}\boldsymbol{\gamma}_{\boldsymbol{hj}} F_{u_{hij}}\left(\boldsymbol{X}_{\boldsymbol{hij}}^{\prime}\boldsymbol{\gamma}_{\boldsymbol{hj}}\right) \qquad \textbf{(4.42)}$$

puede comprobarse a partir de **(4.38)** y **(4.41)** que los resultados finales pueden expresarse directamente en términos de las funciones de distribución y densidad del término de perturbación, sin necesidad de efectuar una normalización adicional de su varianza.

En consecuencia, tendremos que los efectos marginales serán:

$$\left\{\begin{array}{l}
\dfrac{\partial E\left[w_{hij}\left|\boldsymbol{X}_{\boldsymbol{hij}}\right.\right]}{\partial \mathrm{x}_{\mathrm{hijs}}}=\gamma_{hjs}\left(1-F_{u_{hij}}\left(-\boldsymbol{X}_{\boldsymbol{hij}}^{\prime}\boldsymbol{\gamma}_{\boldsymbol{hj}}\right)\right) \\[2ex]
\dfrac{\partial E\left[w_{hij}\left|w_{hij}>0,\boldsymbol{X}_{\boldsymbol{hij}}\right.\right]}{\partial \mathrm{x}_{\mathrm{hijs}}}=\gamma_{hjs}-\dfrac{\gamma_{hjs}\left(\boldsymbol{X}_{\boldsymbol{hij}}^{\prime}\boldsymbol{\gamma}_{\boldsymbol{hj}}\right)\left(f_{u_{1hij}}\left(-\boldsymbol{X}_{\boldsymbol{hij}}^{\prime}\boldsymbol{\gamma}_{\boldsymbol{hj}}\right)\right)}{1-F_{u_{hij}}\left(-\boldsymbol{X}_{\boldsymbol{hij}}^{\prime}\boldsymbol{\gamma}_{\boldsymbol{hj}}\right)}- \\[2ex]
\quad -\left(\dfrac{\gamma_{hjs} f_{u_{1hij}}\left(-\boldsymbol{X}_{\boldsymbol{hij}}^{\prime}\boldsymbol{\gamma}_{\boldsymbol{hj}}\right)\left\{\left[-\ln\left(F_{u_{hij}}\left(-\boldsymbol{X}_{\boldsymbol{hij}}^{\prime}\boldsymbol{\gamma}_{\boldsymbol{hj}}\right)\right)-\boldsymbol{X}_{\boldsymbol{hij}}^{\prime}\boldsymbol{\gamma}_{\boldsymbol{hj}} F_{u_{hij}}\left(\boldsymbol{X}_{\boldsymbol{hij}}^{\prime}\boldsymbol{\gamma}_{\boldsymbol{hj}}\right)\right]\right\}}{\left(1-F_{u_{hij}}\left(-\boldsymbol{X}_{\boldsymbol{hij}}^{\prime}\boldsymbol{\gamma}_{\boldsymbol{hj}}\right)\right)^2}\right)
\end{array}\right. \qquad \textbf{(4.43)}$$

¿Qué ocurrirá con una distribución normal con media nula y varianza $\sigma^2$? En ese caso, podremos usar las siguientes propiedades (véase Johnson *et al.* (1994-1995)):

$$\begin{cases} f_{u_{hij}}\left(-\dfrac{X'_{hij}\gamma_{hj}}{\sigma}\right)=f_{u_{hij}}\left(\dfrac{X'_{hij}\gamma_{hj}}{\sigma}\right) \\ 1-F_{u_{hij}}\left(-\dfrac{X'_{hij}\gamma_{hj}}{\sigma}\right)=F_{u_{hij}}\left(\dfrac{X'_{hij}\gamma_{hj}}{\sigma}\right) \\ \displaystyle\int_{-\frac{X'_{hij}\gamma_{hj}}{\sigma}}^{\infty} u_{hij}f_{u_{hij}}\left(u_{hij}\right)du_{hij}=f_{u_{hij}}\left(\dfrac{X'_{hij}\gamma_{hj}}{\sigma}\right) \end{cases} \quad \mathbf{(4.44)}$$

y, una vez introducidas las correspondientes simplificaciones, obtener:

$$\begin{cases} \dfrac{\partial E\left[w_{hij}\left|\boldsymbol{X}_{hij}\right.\right]}{\partial \mathrm{x}_{\mathrm{hijs}}}=\gamma_{hjs}F_{u_{hij}}\left(\dfrac{X'_{hij}\gamma_{hj}}{\sigma}\right) \\ \dfrac{\partial E\left[w_{hij}\left|w_{hij}>0,\boldsymbol{X}_{hij}\right.\right]}{\partial \mathrm{x}_{\mathrm{hijs}}}=\gamma_{hjs}\left\{1-\left[\dfrac{X'_{hij}\gamma_{hj}}{\sigma}+\lambda\left(\dfrac{X'_{hij}\gamma_{hj}}{\sigma}\right)\right]\cdot\lambda\left(\dfrac{X'_{hij}\gamma_{hj}}{\sigma}\right)\right\} \end{cases} \quad \mathbf{(4.45)}$$

siendo λ la inversa de la razón de Mills.

Ciertamente, **(4.45)** es un resultado conocido en la literatura (véase, por ejemplo, Wooldridge (2002)), aunque su deducción difiere por el hecho de que ésta se realiza partiendo de la propia especificación del modelo bajo el supuesto de normalidad. Por otra parte, el interés de haber deducido una formulación general para el cálculo de los efectos marginales va más allá de las derivaciones anteriores puesto que sirve, entre otras cosas, para calibrar el sesgo con que se estiman habitualmente los efectos marginales cuando las distribuciones postuladas no se adecuan a los datos. Al margen de que la potencia de los contrastes sobre normalidad o cualesquiera otras distribuciones pueda ser discutible, los resultados anteriores deberían invitar a reflexionar sobre la necesidad de tomar con muchas reservas buena parte de las conclusiones que se obtienen utilizando técnicas de estimación con variables truncadas o censuradas. De hecho, más allá de los efectos marginales en sí, no debería olvidarse que los estimadores obtenidos van a ser inconsistentes, invalidando buena parte de las conclusiones de cualquier estudio, especialmente cuando el proceso de estimación seguido es el método de dos fases de Heckman. Si la discusión la volvemos a situar en los modelos de gasto y la estimación de curvas de Engel, los hechos son aún más preocupantes. Al respecto, recuérdese cómo el término de perturbación de las ecuaciones y los regresores no son ortogonales en presencia de problemas de medida (véase el epígrafe 4.1). En ese caso, uno de los supuestos implícitos de las estrategias de estimación con regresiones censuradas deja de ser aplicable: no puede suponerse que el vector de perturbaciones y el de regresores sean estocásticamente independientes.

¿Qué consecuencias tiene esta cuestión? Demoledoras, puesto que sin independencia estocástica los distintos términos de diferenciación bajo el signo integral ya no son aplicables y el propio proceso de estimación se ve seriamente comprometido, incluso si la distribución fuese normal. ¿Qué podemos hacer si no queremos recurrir a la estimación semiparamétrica? El epígrafe siguiente intenta ofrecer una vía de solución explotando el contenido informativo de la muestra, tal como se detalla a continuación.

## 4.3 Estrategias alternativas de estimación

Una de las implicaciones de los resultados de la sección anterior es que la estimación de modelos con variables dependientes con valores muestrales nulos es, cuando menos, problemática. En consecuencia, pudiera creerse que la única opción razonable que nos queda, suponiendo que los contrastes sobre las distribuciones que se postulen para los términos de perturbación resulten rechazados, es aplicar métodos de estimación semiparamétrica, asumiendo plenamente las dificultades inherentes a los mismos. No obstante, para el caso de la estimación de sistemas de demanda, tenemos otra opción. Para ello, razonemos del siguiente modo: si las diferentes ecuaciones de gasto son autónomas por categorías de bienes y bloques de hogares (recuérdense los comentarios de la sección 4.1) y todas ellas están generadas en el seno de un mismo modelo de partida (una especificación de tipo QUAIDS, por ejemplo) entonces podemos segmentar el proceso de estimación del sistema en varias fases.

- En una primera fase, las ecuaciones asociadas a los bienes y servicios para los que no existen gastos nulos son utilizadas para depurar la estructura del modelo. Teniendo en cuenta las reflexiones de la sección 4.1, deberíamos estimar una relación como **(4.10)** y, sobre la misma, ir depurando su estructura mediante contrastes de significación de los parámetros. Atendiendo a la existencia de errores de medida y la posible endogeneidad del nivel de gasto, la estimación requeriría aplicar estimadores GMM. El subsiguiente problema de elección de los instrumentos adecuados para el gasto puede superarse teniendo en cuenta los resultados teóricos del capítulo 2. En éste veíamos cómo en la ecuación de comportamiento del consumo siempre aparecía la renta, ya fuera de forma implícita ya fuese de forma explícita. En consecuencia, la renta constituye un candidato natural para formar parte del conjunto de instrumentos y, por ende, también su cuadrado, dado que tenemos un término cuadrático de gasto, siempre que se satisfagan las correspondientes condiciones de validez instrumental. De igual modo, otras variables susceptibles de intervenir como instrumentos van a ser las de carácter sociodemográfico, tales como la edad y la edad al cuadrado del sustentador principal del hogar, no así ni los tipos de interés ni los precios dado que en los datos de sección cruzada empleados, estas variables carecen de variabilidad. Procediendo de este modo estamos en condiciones de acotar una de las dificultades en la estimación GMM: la sensibilidad del resultado final al conjunto de instrumentos elegido.

• En una segunda fase, una vez que se ha validado una determinada especificación, ésta se emplea como marco de referencia para estimar aquellas curvas de Engel que estén vinculadas con gastos nulos. Su estimación es, en apariencia, un ejercicio plagado de obstáculos: si utilizamos técnicas que no tomen en consideración la presencia de gastos nulos, los estimadores serán inconsistentes. Pero de igual forma, si aplicamos métodos paramétricos específicos para el tratamiento de estos ceros, la estimación también será inconsistente, a no ser que podamos asegurar la adecuación de la distribución propuesta. ¿Qué hacer? Aprovechar el contenido informativo de la propia muestra para diseñar un mecanismo que, asumiendo que todos los estimadores estarán sujetos, por una razón u otra, a dificultades, permita seleccionar aquel que posibilite una mejor adecuación a los datos disponibles. ¿Cómo hacerlo? Implementando el siguiente proceso de simulación recursiva en varias etapas:

1.- Fijar un número M de simulaciones.

2.- Fijar un contador r (inicialmente, r = 1).

3.- Seleccionar aleatoriamente un subconjunto de N hogares.

4.- Estimar las ecuaciones de gasto vinculadas a un determinado bien con ceros en la muestra empleando la especificación depurada en la estimación de las ecuaciones de gasto sin ceros muestrales.

5.- Obtención de las previsiones de esos niveles de gasto para los hogares no usados en el proceso de estimación (téngase presente que en la etapa 3 sólo hemos seleccionado un subconjunto de la muestra).

6.- Cálculo de una medida del grado de discrepancia entre valores ajustados y valores reales de gasto, por ejemplo, el error cuadrático medio de la previsión (para una discusión de las distintas medidas de la precisión de las previsiones, véanse en términos teóricos Diebold y Mariano (1995), y Granger y Pesaran (2000); así como, a nivel aplicado, Mathews y Diamantopoulos (1994)). En realidad, el procedimiento anterior puede aplicarse utilizando cualquier otro criterio de preferencias, al margen de la capacidad predictiva.

7.- Ordenar los distintos estimadores de acuerdo con su medida de discrepancia, asignando la misma posición a aquellos que presenten idéntico valor.

8.- Actualizar el contador: $r = r + 1$.

9.- Si $r \leq M$, regresar al paso 3 y seguir iterando. En caso contrario, ir a la etapa siguiente.

10.- Una vez efectuadas las M simulaciones, calcular, para cada estimador, la moda, media y varianza de la posición ocupada en las ordenaciones obtenidas de acuerdo con la medida de discrepancia seleccionada.

11.- Seleccionar el estimador con menor valor modal de dicha posición y emplearlo para la estimación del modelo sobre la totalidad de la muestra. En caso de empate entre estimadores en el valor modal, recurrir a la posición media para deshacerlo.

El proceso anterior se replica para distintos valores de N (se consideraron valores que representaban el 50% y el 80% de la muestra, si bien los resultados fueron robustos a dicha elección) siendo M = 15000. Obviamente, de ello no pueden colegirse en ningún caso conclusiones precipitadas, en el sentido de establecer la superioridad de un método u otro de estimación en cualquier situación. En ningún caso debe perderse de vista que el procedimiento establecido, por el modo en que se diseñó, sólo es concluyente para la base muestral empleada, ofreciendo una guía para elegir el estimador menos mal comportado (de acuerdo con determinados criterios) cuando las opciones alternativas son también inconsistentes.

Implementemos el mecanismo que hemos esbozado sobre nuestro problema específico. Para ello emplearemos los datos de la EPF 1990-91. Sobre estos, pueden codificarse los distintos capítulos de gasto atendiendo a diferentes criterios (véase, por ejemplo, Oliver (1997)). En nuestro caso, las agrupaciones consideradas han sido:

- Alimentación.
- Vestido y calzado.

- Vivienda y equipamientos del hogar.
- Sanidad.
- Educación.
- Transporte y comunicaciones.
- Ocio.
- Otros bienes y servicios.

Una vez efectuadas las correspondientes depuraciones muestrales, el número total de observaciones disponibles fue de 21155, presentando los capítulos de educación, ocio y vestido y calzado un número significativo de ceros muestrales. El resto de epígrafes de gasto es el que intervino en la primera etapa del proceso, en la que se estimó una ecuación de carácter general como **(4.10)**. Para esta ecuación, en ausencia de fundamentos teóricos estrictos para definir el vector de variables sociodemográficas de un modo u otro, se consideró una versión del mismo inicialmente sobreparametrizada que, tras la depuración de su estructura, quedó finalmente integrada por las variables siguientes:

- Edad del sustentador principal.
- Número de niños y adolescentes (miembros menores de 16 años).
- Número de adultos (miembros del hogar entre 16 y 64 años).
- Número de mayores (miembros del hogar entre 65 y 80 años).
- Número de ancianos (miembros del hogar con más de 80 años).

Obviamente, en ausencia de indicaciones teóricas precisas siempre puede ser objeto de discusión por qué incluir unas variables y no otras. En cualquier caso, la relación anterior fue la que se reveló estadísticamente más robusta, siendo la curva de Engel resultante una especificación típica de un modelo QUAIDS sin interacciones como el recogido por la ecuación **(4.11)**. Una vez establecida su estructura, ya se estaba en condiciones de iniciar la fase 2 en sus distintas etapas, entre las que se incluye la estimación mediante modelos con variable dependiente de variación limitada. Respecto a estos, la aplicación del método de Heckman requiere de un comentario adicional. Puesto que en la primera fase del mismo debe estimarse un modelo probit, los regresores que van a intervenir deben seleccionarse de acuerdo con algún criterio. En el caso de los gastos en educación, claramente existen candidatos: la presencia de menores de 16 años en el hogar (dado el carácter obligatorio que tiene la enseñanza para determinadas franjas de edad) así como el nivel de renta. Del mismo modo, por lo que respecta a ocio y vestido y calzado, también se consideró la renta, así como la totalidad de variables sociodemográficas. En cuanto a la estimación de los modelos tobit de tipo I con distribución normal y logística, se contrastó la hipótesis de homoscedasticidad mediante un test de los multiplicadores de Lagrange (véase Pagan y Vella (1989)) mientras que para el supuesto de normalidad se usó un contraste sobre residuos generalizados diseñado por los autores citados.

En cuanto a la distribución logística, a falta de un test específico, se empleó un contraste de validez general como es el de Kolmogorov-Smirnov (véase Dudewicz y Mishra (1988)). Es evidente que la potencia de los tests se ve seriamente comprometida por los problemas de endogeneidad de los regresores, por lo que sus resultados deben tomarse con prudencia. No obstante, en todos los casos, se rechazaron las correspondientes hipótesis nulas, en la línea de lo expuesto en el epígrafe 4.2. Este resultado se corresponde con lo hallado en el proceso de simulación: en todos los casos el estimador mejor comportado fue el estimador GMM sobre la totalidad de la muestra, quedando el método de Heckman en las peores posiciones. Para buena parte de los cálculos tuve que programar las rutinas correspondientes. Para ello usé GAUSS, al igual que para el resto de procedimientos estándar. Asimismo, dupliqué el proceso programando las mismas rutinas en Stata y Eviews, sin que los resultados difiriesen de forma apreciable.

A continuación, se detallan los resultados obtenidos. En primer lugar, las tablas para la elección de los estimadores para los capítulos de gasto con ceros muestrales. La medida usada para el cálculo de la discrepancia entre valores reales y simulados fue la raíz del error cuadrático medio (RMSE), aun cuando las restantes medidas empleadas proporcionaron idénticos resultados. En segundo lugar, los distintos cuadros de elasticidades, que aparecen evaluadas en los valores medios de las variables, de acuerdo con las expresiones halladas en el capítulo 3. Asimismo, se adjuntan sus respectivos estadísticos de significación, calculados mediante un desarrollo asintótico (véase White (2000)). En cualquier caso, nótese que el propósito de los mismos no es tanto sugerir un análisis en un plano económico (al respecto, véase Pujolar (2003d)) como ilustrar el procedimiento de selección que he propuesto, el cual pone en evidencia que los métodos habitualmente aplicados para tratar la presencia de ceros muestrales deben tomarse con ciertas dosis de escepticismo en aplicaciones como la considerada.

**Tabla 1.** Ordenación de los estimadores para los capítulos de gasto con ceros muestrales

**Orden de los estimadores (muestra del 80%). Criterio RMSE**

| | | OLS | OLS positivos | Tobit normal | Tobit logística | Heckman | GMM | GMM positivos |
|---|---|---|---|---|---|---|---|---|
| Educación | Moda | 3 | 4 | 5 | 6 | 7 | 1 | 2 |
| | Media | 3.00 | 4.00 | 4.82 | 6.17 | 7.00 | 1.00 | 2.00 |
| | varianza | 0.00 | 0.00 | 0.15 | 0.15 | 0.00 | 0.00 | 0.00 |
| Vestido y calzado | Moda | 3 | 4 | 5 | 6 | 7 | 1 | 2 |
| | Media | 2.96 | 4.24 | 4.72 | 6.06 | 6.95 | 1.00 | 2.00 |
| | varianza | 0.04 | 0.29 | 0.30 | 0.47 | 0.05 | 0.00 | 0.00 |
| Ocio | Moda | 3 | 4 | 6 | 5 | 7 | 1 | 2 |
| | Media | 2.91 | 3.73 | 5.89 | 5.08 | 6.68 | 1.00 | 2.00 |
| | varianza | 0.08 | 0.20 | 0.11 | 0.09 | 0.22 | 0.00 | 0.00 |

**Orden de los estimadores (muestra del 50%). Criterio RMSE**

| | | OLS | OLS positivos | Tobit normal | Tobit logística | Heckman | GMM | GMM positivos |
|---|---|---|---|---|---|---|---|---|
| Educación | Moda | 3 | 4 | 6 | 5 | 7 | 1 | 2 |
| | Media | 3.01 | 4.00 | 5.76 | 5.19 | 7.00 | 1.00 | 1.99 |
| | varianza | 0.01 | 0.00 | 0.18 | 0.22 | 0.00 | 0.00 | 0.01 |
| Vestido y calzado | Moda | 3 | 4 | 5 | 6 | 7 | 1 | 2 |
| | Media | 2.99 | 4.03 | 4.79 | 6.19 | 6.97 | 1.00 | 2.00 |
| | varianza | 0.01 | 0.03 | 0.17 | 0.23 | 0.03 | 0.00 | 0.00 |
| Ocio | Moda | 3 | 4 | 5 | 6 | 7 | 1 | 2 |
| | Media | 2.97 | 3.66 | 5.16 | 5.87 | 6.56 | 1.00 | 2.00 |
| | varianza | 0.03 | 0.22 | 0.13 | 0.17 | 0.25 | 0.00 | 0.00 |

**Tabla 2.** Elasticidad total del gasto por cuartiles de renta

| Coeficientes estimados | | | | | | | | |
|---|---|---|---|---|---|---|---|---|
| **cuartil** | **Alimentación** | **Vestido** | **Vivienda** | **Sanidad** | **Transporte** | **Ocio** | **Educación** | **Otros bienes** |
| 1 | 0.902 | 1.828 | 0.989 | 0.558 | 1.549 | 1.723 | 0.447 | 0.797 |
| 2 | 0.765 | 1.623 | 0.937 | 0.677 | 1.644 | 1.611 | 0.869 | 0.824 |
| 3 | 0.654 | 1.550 | 0.985 | 0.725 | 1.529 | 1.488 | 1.305 | 0.859 |
| 4 | 0.565 | 1.353 | 1.082 | 0.679 | 1.489 | 1.355 | 1.504 | 0.881 |

| Estadísticos pseudo-t | | | | | | | | |
|---|---|---|---|---|---|---|---|---|
| **cuartil** | **Alimentación** | **Vestido** | **Vivienda** | **Sanidad** | **Transporte** | **Ocio** | **Educación** | **Otros bienes** |
| 1 | 66.895 | 50.269 | 59.731 | 25.997 | 35.047 | 32.337 | 6.299 | 42.577 |
| 2 | 58.599 | 47.957 | 46.478 | 22.334 | 40.093 | 26.658 | 13.032 | 50.956 |
| 3 | 48.575 | 48.773 | 50.031 | 16.968 | 42.894 | 30.356 | 21.645 | 52.820 |
| 4 | 47.803 | 49.042 | 65.338 | 24.728 | 55.486 | 46.938 | 23.422 | 64.453 |

**Tabla 3.** Elasticidad total según edad del sustentador principal por cuartiles de renta

| | | | | Coeficientes estimados | | | | |
|---|---|---|---|---|---|---|---|---|
| cuartil | Alimentación | Vestido | Vivienda | Sanidad | Transporte | Ocio | Educación | Otros bienes |
| 1 | 0.270 | 0.092 | 0.232 | 0.168 | -1.155 | -0.988 | -0.635 | -0.261 |
| 2 | 0.228 | -0.038 | 0.077 | 0.044 | -0.546 | -0.472 | -0.101 | -0.035 |
| 3 | 0.154 | -0.154 | 0.044 | 0.047 | -0.307 | -0.314 | 0.050 | 0.048 |
| 4 | 0.165 | -0.111 | -0.045 | 0.073 | -0.215 | -0.215 | -0.119 | 0.083 |
| | | | | Estadísticos pseudo-t | | | | |
| cuartil | Alimentación | Vestido | Vivienda | Sanidad | Transporte | Ocio | Educación | Otros bienes |
| 1 | 20.973 | 2.209 | 13.231 | 7.163 | -18.347 | -12.096 | -7.048 | -14.083 |
| 2 | 19.309 | -1.252 | 4.679 | 1.747 | -16.230 | -10.710 | -1.525 | -2.419 |
| 3 | 12.557 | -5.828 | 2.726 | 1.753 | -11.239 | -9.236 | 0.918 | 3.717 |
| 4 | 11.926 | -4.184 | -2.864 | 2.507 | -8.956 | -7.030 | -2.564 | 6.494 |

**Tabla 4.** Elasticidad total de los menores por cuartiles de renta

| Coeficientes estimados | | | | | | | | |
|---|---|---|---|---|---|---|---|---|
| **cuartil** | **Alimentación** | **Vestido** | **Vivienda** | **Sanidad** | **Transporte** | **Ocio** | **Educación** | **Otros bienes** |
| 1 | 0.004 | -0.057 | -0.036 | 0.000 | -0.051 | -0.055 | 0.897 | 0.025 |
| 2 | 0.044 | -0.043 | -0.084 | -0.007 | -0.115 | -0.096 | 0.799 | 0.060 |
| 3 | 0.074 | -0.075 | -0.087 | 0.001 | -0.112 | -0.100 | 0.581 | 0.059 |
| 4 | 0.077 | -0.049 | -0.085 | 0.021 | -0.121 | -0.052 | 0.504 | 0.057 |

| Estadísticos pseudo-t | | | | | | | | |
|---|---|---|---|---|---|---|---|---|
| **cuartil** | **Alimentación** | **Vestido** | **Vivienda** | **Sanidad** | **Transporte** | **Ocio** | **Educación** | **Otros bienes** |
| 1 | 5.937 | -23.271 | -34.795 | 0.031 | -13.413 | -11.296 | 103.043 | 21.794 |
| 2 | 20.793 | -7.832 | -27.820 | -1.620 | -18.180 | -11.963 | 40.368 | 22.120 |
| 3 | 25.581 | -11.851 | -22.072 | 0.182 | -16.497 | -12.104 | 26.738 | 18.302 |
| 4 | 21.992 | -7.192 | -21.136 | 2.852 | -18.870 | -6.518 | 25.536 | 16.582 |

**Tabla 5.** Elasticidad total de los adultos por cuartiles de renta

| Coeficientes estimados | | | | | | | | |
|---|---|---|---|---|---|---|---|---|
| **cuartil** | **Alimentación** | **Vestido** | **Vivienda** | **Sanidad** | **Transporte** | **Ocio** | **Educación** | **Otros bienes** |
| 1 | 0.065 | -0.285 | -0.232 | 0.177 | 0.039 | -0.139 | 0.014 | 0.219 |
| 2 | 0.137 | -0.243 | -0.385 | 0.207 | -0.039 | -0.187 | -0.082 | 0.291 |
| 3 | 0.224 | -0.183 | -0.463 | 0.232 | -0.080 | -0.211 | -0.498 | 0.299 |
| 4 | 0.275 | -0.146 | -0.501 | 0.177 | -0.019 | 0.019 | -0.724 | 0.281 |

| Estadísticos pseudo-t | | | | | | | | |
|---|---|---|---|---|---|---|---|---|
| **cuartil** | **Alimentación** | **Vestido** | **Vivienda** | **Sanidad** | **Transporte** | **Ocio** | **Educación** | **Otros bienes** |
| 1 | 22.140 | -31.396 | -59.107 | 33.567 | 2.977 | -8.091 | 0.727 | 51.544 |
| 2 | 23.334 | -17.077 | -47.989 | 16.751 | -2.597 | -9.345 | -2.665 | 40.926 |
| 3 | 28.231 | -11.255 | -44.823 | 13.471 | -5.002 | -10.492 | -14.959 | 35.450 |
| 4 | 27.446 | -7.976 | -45.522 | 8.506 | -1.242 | 0.952 | -22.984 | 30.375 |

**Tabla 6.** Elasticidad total de los mayores por cuartiles de renta

| | | | | Coeficientes estimados | | | | |
|---|---|---|---|---|---|---|---|---|
| **cuartil** | **Alimentación** | **Vestido** | **Vivienda** | **Sanidad** | **Transporte** | **Ocio** | **Educación** | **Otros bienes** |
| 1 | 0.063 | -0.268 | -0.238 | 0.358 | -0.008 | -0.149 | -0.057 | 0.184 |
| 2 | 0.045 | -0.069 | -0.092 | 0.174 | -0.050 | -0.090 | -0.050 | 0.057 |
| 3 | 0.036 | -0.037 | -0.046 | 0.106 | -0.032 | -0.047 | -0.103 | 0.026 |
| 4 | 0.035 | -0.025 | -0.034 | 0.076 | -0.022 | -0.015 | -0.087 | 0.015 |

| | | | | Estadísticos pseudo-t | | | | |
|---|---|---|---|---|---|---|---|---|
| **cuartil** | **Alimentación** | **Vestido** | **Vivienda** | **Sanidad** | **Transporte** | **Ocio** | **Educación** | **Otros bienes** |
| 1 | 13.826 | -19.795 | -39.674 | 43.108 | -0.447 | -6.293 | -2.428 | 31.046 |
| 2 | 15.425 | -10.177 | -23.504 | 28.096 | -7.563 | -10.223 | -4.147 | 17.899 |
| 3 | 16.842 | -8.682 | -16.863 | 22.556 | -8.288 | -9.723 | -14.510 | 12.684 |
| 4 | 16.538 | -6.642 | -14.912 | 17.036 | -7.331 | -3.827 | -16.598 | 8.756 |

**Tabla 7.** Elasticidad total de los ancianos por cuartiles de renta

| | | | | Coeficientes estimados | | | | |
|---|---|---|---|---|---|---|---|---|
| **cuartil** | **Alimentación** | **Vestido** | **Vivienda** | **Sanidad** | **Transporte** | **Ocio** | **Educación** | **Otros bienes** |
| 1 | -0.010 | -0.006 | 0.005 | 0.014 | 0.010 | 0.002 | 0.005 | 0.003 |
| 2 | -0.003 | -0.004 | 0.008 | 0.016 | 0.000 | -0.005 | -0.001 | -0.005 |
| 3 | -0.004 | 0.000 | 0.006 | 0.009 | -0.004 | 0.000 | 0.004 | -0.001 |
| 4 | 0.001 | -0.001 | -0.002 | 0.008 | 0.004 | -0.008 | 0.006 | -0.002 |

| | | | | Estadísticos pseudo-t | | | | |
|---|---|---|---|---|---|---|---|---|
| **cuartil** | **Alimentación** | **Vestido** | **Vivienda** | **Sanidad** | **Transporte** | **Ocio** | **Educación** | **Otros bienes** |
| 1 | -6.803 | -1.575 | 2.658 | 5.431 | 2.516 | 0.424 | 1.014 | 1.759 |
| 2 | -3.825 | -2.500 | 7.001 | 9.286 | -0.262 | -2.408 | -0.497 | -5.869 |
| 3 | -4.964 | 0.260 | 6.091 | 5.484 | -4.626 | 0.316 | 2.267 | -1.651 |
| 4 | 1.249 | -0.498 | -1.653 | 4.422 | 3.817 | -6.326 | 4.066 | -2.507 |

## 4.4 Conclusiones

El objetivo básico de este capítulo ha sido incidir en los problemas metodológicos de carácter econométrico y estadístico asociados con la estimación de los sistemas de demanda. Aun cuando el análisis efectuado se inserte en el contexto de las curvas de Engel, buena parte de los resultados obtenidos se puede extender a cualquier otro ámbito aplicado, especialmente a los que requieran trabajar con modelos con variable dependiente de variación limitada. De hecho, la idea fundamental sobre la que se articula todo el contenido del capítulo es la necesidad de operar con sumo cuidado al utilizar procedimientos estadísticos; de lo contrario se corre el riesgo de desvirtuar el contenido teórico de cualquier modelo y llegar a conclusiones poco fiables.

En esta línea, la sección 4.1 se ocupa de reflexionar acerca de la importancia de realizar con el mayor rigor posible el paso desde la especificación teórica de un modelo a su implementación aplicada, puesto que buena parte de las dificultades econométricas tienen su origen en esta fase de la investigación. Así, a propósito de las curvas de Engel, se constatan las graves consecuencias que ocasionaría limitarse a añadir un término de perturbación a su formulación teórica. En esta línea, se muestra cómo dicho término tiene una estructura mucho más compleja que la que podría esperarse. De este modo, se ponen en evidencia tanto problemas de endogeneidad de algunos regresores como su pérdida de ortogonalidad con el término de perturbación caso de que existan variables medidas con error. Asimismo, se insiste en la necesidad de contemplar posibles comportamientos heterogéneos por grupos de observaciones, ya que de estar presentes y no tenerse en cuenta van a dar lugar a una estimación inconsistente. Cuando se trabaja con datos de sección cruzada, un modo para introducir tal heterogeneidad consiste en construir un pseudo panel espacial, ya sea mediante técnicas específicas de clasificación estadística, ya sea atendiendo a criterios de separabilidad económica.

La presencia de ceros muestrales en la estimación de un modelo requiere, por su complejidad, un tratamiento singularizado. De ello se ocupa la sección 4.2. Una primera cuestión surge de forma inmediata: las técnicas disponibles para trabajar con modelos con variables censuradas o truncadas son totalmente dependientes de los supuestos introducidos acerca de las propiedades del término de perturbación. Así, los llamados modelos tobit generalizados requieren para su estimación por métodos paramétricos tanto que se postule una distribución estadística determinada como que la esperanza condicional de las perturbaciones sea lineal. De lo contrario, los estimadores que se obtengan van a ser inconsistentes.

A pesar de ello, uno de los métodos más extendidos de estimación, el método de Heckman, se aplica habitualmente sin comprobar suficientemente los supuestos de los que depende, entre ellos la normalidad de las perturbaciones y la ausencia de heteroscedasticidad. El incumplimiento de tales supuestos puede comprometer la consistencia del procedimiento y, con ello, la validez de las inferencias obtenidas. En realidad, se acostumbra a dar mucha mayor importancia a identificar la fuente de los ceros muestrales: la presencia de soluciones de esquina en el problema de optimización que genera el modelo teórico o bien la existencia de problemas de selección muestral, como es el caso de la infrecuencia de compra en las ecuaciones de gasto.

Pese a tratarse de una cuestión relevante, identificar correctamente la fuente de los ceros muestrales no evita la inconsistencia de las estimaciones si no se satisfacen los supuestos requeridos sobre el término de perturbación. En estrecha conexión con las reflexiones anteriores, la disposición de una expresión para calcular los efectos marginales de los regresores es de sumo interés puesto que conocerla posibilita calibrar el sesgo asociado a una incorrecta especificación de la distribución de las perturbaciones de las ecuaciones. Para ello, se desarrolla un procedimiento con validez general, aplicable a cualquier variante de los modelos tobit generalizados, ilustrándose su aplicación en el caso de distribuciones normales y logísticas.

Careciéndose de indicaciones sobre cuál pueda ser la estructura estocástica de las perturbaciones, la estimación por métodos paramétricos de modelos con variable dependiente de variación limitada resulta difícil de justificar. Sin embargo, sí que es posible valorar el comportamiento relativo de estimadores alternativos empleando procedimientos de simulación. Más aún, en el caso de las curvas de Engel, al poseer una estructura autónoma y no estar asociadas todas ellas a gastos nulos, es posible esbozar una estrategia metodológica que además ofrezca la posibilidad de salvaguardar una aproximación paramétrica.

Para ello se diseña una estrategia en dos fases. En la primera se consideran únicamente las ecuaciones con epígrafes de gasto que carezcan de ceros muestrales. Una vez depurada la estructura del modelo, ésta se emplea como marco de referencia para la estimación del resto de ecuaciones en una segunda fase. En lugar de optar directamente por una u otra técnica de estimación, se utiliza el contenido informativo de la muestra para efectuar un procedimiento de simulación recursiva en el que se evalúa el comportamiento predictivo de los diferentes estimadores sobre las observaciones no empleadas en cada estimación. Su aplicación en la estimación de las curvas de Engel con datos de la EPF de 1990-91 pone de manifiesto cómo el estimador con peor comportamiento es el que se obtiene con el método de Heckman, mientras que el menos malo es el estimador GMM usando la totalidad de la muestra. En cualquier caso, debe entenderse que el procedimiento propuesto actúa sólo como guía para la selección de estimadores alternativos bajo un contexto muestral dado y de acuerdo con un determinado criterio de preferencias.

# 5. CONCLUSIONES GENERALES

El estudio del consumo desde diferentes ángulos complementarios constituye el nexo sobre el que pivota la investigación realizada. Decisiones óptimas de consumo, estructura del gasto, así como sistemas de demanda y curvas de Engel conforman el ámbito conceptual en el que se ubica este trabajo. Al margen del análisis en sí de los distintos conceptos económicos tratados, dos rasgos básicos están presentes en toda la exposición: la preocupación por cuestiones de carácter metodológico y la correcta fundamentación matemática de los modelos teóricos.

Es a propósito de estas cuestiones que, en el primer gran bloque del trabajo, que se ocupa de las decisiones sobre el consumo, se procede a efectuar tanto una revisión crítica de los modelos existentes como a proponer una forma alternativa de modelización con la que superar algunas de las dificultades intrínsecas de los modelos tradicionales. De forma sintética, los principales resultados que se han obtenido son los siguientes:

- Los modelos con incertidumbre en su formulación típica se ven lastrados por el excesivo número de hipótesis *ad hoc* que se deben introducir para poder derivar la correspondiente ecuación de Euler. En especial, sin el supuesto explícito de existencia de expectativas racionales no es posible deducir dicha ecuación.

- La ecuación de Euler refleja, por construcción, las condiciones de optimalidad que debe satisfacer el consumo, pero en ningún caso puede interpretarse o emplearse como si fuese una ecuación de comportamiento del mismo y, por ende, su uso como instrumento para el análisis de políticas económicas que hagan del consumo su centro de atención se ve seriamente limitado.

- En el contexto de los modelos anteriores, su propia estructura matemática es incompatible con la posibilidad de obtener una forma funcional explícita que describa la senda óptima del consumo. La inclusión de restricciones de liquidez agrava más las

  cosas, al implicar la introducción de elementos no observables que deben ser absorbidos por el término de perturbación de la ecuación.

• El término de perturbación actúa como un cajón de sastre en el que se van incorporando elementos de distinta naturaleza: desde multiplicadores dinámicos de Lagrange a residuos procedentes de los desarrollos de Maclaurin empleados en el proceso de linealización de la ecuación. Todo ello redunda en una compleja estructura que repercute, condicionándolo profundamente, en el proceso de estimación econométrica.

• Como alternativa a los modelos con incertidumbre, se propone una estrategia en dos etapas que tiene como punto de partida la descomposición del consumo corriente en dos componentes de distinta naturaleza: el consumo permanente, de carácter determinista, y el consumo transitorio, estocástico. En relación con el consumo permanente, la determinación de su trayectoria óptima se reduce a la resolución de un problema de optimización dinámica en tiempo discreto de carácter no estocástico. La esencia misma del problema hace que ahora la deducción de la ecuación de Euler no requiera de supuestos adicionales sobre expectativas racionales y que además esté asegurada la existencia de una forma funcional para la senda óptima del consumo permanente. Por otra parte, el paso al consumo corriente es también inmediato, a través de la relación que lo liga con el consumo permanente. Dicha relación, adicionalmente, permite incorporar la incertidumbre al modelo y recuperar conceptos como el del ahorro por motivos de precaución.

• El modelo propuesto engloba, como casos particulares, a las especificaciones clásicas de la función de consumo. Así, el modelo de renta permanente de Friedman equivale a imponer que los factores idiosincrásicos observables no poseen ninguna influencia sobre la ecuación de Euler. En ese caso, por otra parte, se alcanza un resultado llamativo: bajo la restricción paramétrica adicional recogida en **(2.92)**, el modelo de Hall y el de Friedman están relacionados en el sentido de actuar el primero como la ecuación de Euler asociada al segundo.

Por lo que respecta a la segunda sección del trabajo, centrada en estudiar el modo en que los agentes económicos deciden distribuir su nivel de gasto entre los distintos componentes que conforman su cesta de consumo, cabe destacar los siguientes hechos:

• El instrumento microeconómico adecuado para captar la estructura del gasto lo constituyen las curvas de Engel asociadas a las funciones de demanda marshalliana. En relación con dichas curvas, pueden esbozarse distintas formulaciones. Entre éstas, la que presenta mayores atractivos teóricos y potencialidades empíricas es la vinculada con los denominados sistemas de demanda de carácter cuadrático. Dichos sistemas actúan como formas funcionales flexibles que permiten establecer un marco general de modelización en el que anidar como casos particulares sujetos a validación a la mayor parte de especificaciones teóricas restantes.

• Un componente fundamental para explicar la estructura del gasto es el vector de variables de carácter sociodemográfico. Su tratamiento formalizado en el seno de un sistema de demanda requiere su integración en los coeficientes del sistema de ecuaciones diferenciales que definen al propio sistema de demanda. Procediendo de este modo, se está en condiciones para definir una forma funcional con propiedades satisfactorias tanto desde un punto de vista teórico como aplicado.

• Cuando se considera el análisis de las curvas de Engel, contextualizado en el seno del trabajo aplicado con datos de sección cruzada, es preciso tratar los precios de forma paramétrica y fijar el menor número posible de supuestos de homogeneidad entre hogares. Lo contrario equivale a imponer restricciones sobre los coeficientes del modelo que distorsionan la estimación de las elasticidades totales, tanto en relación con el nivel de gasto como para las variables sociodemográficas.

El tercer eje de la investigación lo constituye el análisis de los sistemas de demanda y las curvas de Engel desde una vertiente metodológica de carácter econométrico. Tomando como punto de partida los resultados de la sección anterior, se esbozan los rasgos que conforman el análisis microeconométrico destacando, por sus implicaciones en la práctica empírica, los siguientes hechos:

• Cuando se pretende estimar sistemas de demanda, se constata la presencia de ceros muestrales para los niveles de gasto correspondientes a determinadas agrupaciones de bienes y servicios. La existencia de dichos ceros, tanto si está motivada por un problema de infrecuencia de compra como si se debe a la existencia de soluciones de esquina ligadas al problema de optimización matemática asociado a las curvas de Engel, tiene importantes consecuencias econométricas.

• La consistencia de los estimadores de los modelos con variable dependiente censurada que se deben introducir para tratar correctamente con tales ceros depende crucialmente de las propiedades estadísticas de las perturbaciones del modelo. En concreto, el no rechazo de los supuestos adoptados sobre la distribución de la perturbación y su homoscedasticidad devienen factores clave para mantener la adecuación de los procedimientos estándar de estimación. No obstante, los tests aplicados al efecto rechazan regularmente tales supuestos.

• Los resultados generales que se han obtenido en esta investigación, encaminados a poder calcular los efectos marginales en el contexto de modelos con variables dependientes de variación limitada, constituyen un aspecto fundamental tanto para evaluar el impacto que posee la imposición de supuestos sobre las funciones de distribución en las propiedades de los estimadores como para diseñar estrategias encaminadas a incrementar la fiabilidad de los procedimientos utilizados.

• Una vía para superar las dificultades provocadas por el rechazo de los supuestos sobre el término de perturbación consiste en definir un conjunto de criterios que, en función de los objetivos de la investigación, se presuma que deban satisfacer esos estimadores. Un ejemplo de los mismos lo tenemos en el grado de discrepancia entre valores ajustados y reales del gasto. En tal caso, si se evalúa el grado de discrepancia obtenido a partir de un mecanismo de simulación, se está en condiciones de establecer una jerarquía entre los distintos métodos de estimación y elegir uno concreto.

• Para la muestra empleada, el estimador mejor comportado para diferentes parámetros de simulación es, en todos los casos, el estimador por el método generalizado de los momentos sobre la totalidad de la muestra. Este hecho debe ponderarse en su justa medida: su alcance queda circunscrito a la muestra empleada, sirviendo sólo como patrón para la elección del estimador menos mal comportado de acuerdo con el criterio preestablecido. La aplicación práctica del proceso anterior sobre la muestra de hogares de la EPF de 1990-91 evidencia la relevancia de los factores demográficos y la necesidad de considerar heterogeneidad en los parámetros según niveles de renta.

En cualquier caso, esta monografía no es una estructura cerrada y acabada. De la misma, se perfilan distintas líneas futuras de investigación. Así, en relación con las decisiones de consumo, es necesario desarrollar algoritmos de resolución numérica de programas de optimización dinámica estocástica para obtener la senda óptima del consumo cuando se considera un conjunto ampliado de restricciones, así como la resolución de los problemas de agregación que surgen cuando quiere pasarse del ámbito microeconómico al macroeconómico. A su vez, sobre los sistemas de demanda es necesario ahondar en las implicaciones formales resultantes de considerar distintos niveles de heterogeneidad o el tratamiento que debe darse a los precios cuando el modelo se formula contemplando también una dimensión temporal. Por último, en cuanto a la estimación de ecuaciones de Engel con variable dependiente censurada, deben explorarse las consecuencias que sobre las soluciones propuestas tiene operar con muestras de datos de panel ampliados, así como los efectos de generalizar el procedimiento de simulación a situaciones muestrales más complejas y la obtención de técnicas de estimación estadísticamente más robustas.

# 6. BIBLIOGRAFÍA


• ALBARRÁN, P. (2000): "Income Uncertainty and Precautionary Saving: Evidence from Household Rotating Panel Data", *Manuscript*, ***CEMFI***, Madrid.

• ALEKSEEV, V. M., V. M. TIKHOMIROV y S. V. FOMIN (1987): ***Optimal Control***, New York: Consultants Bureau.

• AMEMIYA, T. (1985): ***Advanced Econometrics***, Oxford: Basil Blackwell.

• ANDERSON, G. y R. BLUNDELL (1983): "Testing Restrictions in a Flexible Dynamic Demand System: An Application to Consumers' Expenditure in Canada", ***Review of Economic Studies***, 50(3): 397-410.

• ANDERSON, T. W. (2003): ***An Introduction to Multivariate Statistical Analysis***, 3rd ed. New York: John Wiley.

• ANGRIST, J. (2001): "Estimation of Limited Dependent Variable Models with Dummy Endogenous Regressors: Simple Strategies for Empirical Practice", ***Journal of Business & Economic Statistics***, 19(1): 2-16.

• APOSTOL, T. (1974): ***Mathematical Analysis***, 2nd ed. New York: Addison-Wesley.

• ASH, R. B. y C. A. DOLÉANS-DADE (2000): ***Probability & Measure Theory***, 2nd ed. San Diego: Academic Press.

• ATTANASIO, O. y H. LOW (2000): "Estimating Euler Equations", NBER Technical Working Paper No. 253, New York.

• ATTFIELD, C. L. (1997): "Estimating a Cointegrating Demand System", ***European Economic Review***, 41(1): 61-73.

• AVRIEL, M. (2003): ***Nonlinear Programming: Analysis and Methods***, New York: Dover.

• BALTAGI, B. H. y J. M. GRIFFIN (1997): "Pooled Estimators vs. their Heterogeneous Counterparts in the Context of Dynamic Demand for Gasoline", ***Journal of Econometrics***, 77(2): 303-327.

• BANKS, J., R. BLUNDELL y A. LEWBEL (1997): "Quadratic Engel Curves and Consumer Demand", ***The Review of Economics and Statistics***, 79(4): 527-539.

• BANKS, J., R. BLUNDELL y A. BRUGIAVINI (1999): "Risk Pooling, Precautionary Saving and Consumption Growth", Working Paper W99/19, ***Institute for Fiscal Studies***, London.

• BARNETT, W. (1983): "Definitions of Second Order Approximation and of Flexible Functional Form", ***Economics Letters***, 12(1): 31-35.

• BARTEN, A. P. (1969): "Maximum Likelihood Estimation of a Complete System of Demand Equations", ***European Economic Review***, 1(1): 7-73.

• BARTEN, A. P. y V. BÖHM (1982): "Consumer Theory" en K. Arrow y M. Intriligator (eds.), ***Handbook of Mathematical Economics*** vol. II. Amsterdam: North-Holland.

• BAZARAA, M., H. SHERALI y C. SHETTY (1993): ***Nonlinear Programming. Theory and Algorithms***, 2nd ed. New York: John Wiley.

• BIERENS, H. y H. W. POTT-BUTER (1990): "Specification of Household Expenditure Functions and Equivalence Scales by Nonparametric Regression (with discussion)", ***Econometric Reviews***, 9(2): 123-210.

• BLUNDELL, R. (1988): "Consumer Behaviour: Theory and Empirical Evidence. A Survey", ***The Economic Journal***, 98(389): 16-65.

• BLUNDELL, R., P. PASHARDES y G. WEBER (1993): "What Do We Learn about Consumer Demand Patterns from Micro Data?", ***American Economic Review***, 83(3): 570-597.

• BLUNDELL, R. e I. PRESTON (1998): "Consumption Inequality and Income Uncertainty", ***Quarterly Journal of Economics***, 113(2): 603-640.

• BOUND, J., D. A. JAEGER y R. M. BAKER (1995): "Problems with Instrumental Variables Estimation when the Correlation between the Instruments and the Endogenous Explanatory Variable is Weak", ***Journal of the American Statistical Association***, 90(430): 443-450.

• BOURGUIGNON, F. y P. A. CHIAPPORI (1994): "The Collective Approach to Household Behaviour" en BLUNDELL, R., I. PRESTON e I. WALKER (eds.), ***The Measurement of Household Welfare***. Cambridge: Cambridge University Press.

• BRONSHTEIN, I. N. y K. A. SEMENDYAYEV (1998): ***Handbook of Mathematics***, 3rd ed. Berlín: Springer.

• BROWNING, M. y A. LUSARDI (1996): "Household Saving: Micro Theories and Micro Facts", ***Journal of Economic Literature***, 34(4): 1797-1855.

• BROWNING, M. y T. CROSSLEY (2001): "The Life-Cycle Model of Consumption and Saving", Working Paper 01/15, ***The Institute for Fiscal Studies***, London.

• BUNGE, M. (1998): ***Philosophy of Science***, vols. I-II, Piscataway (New Jersey): Transaction Publishers.

• BUNGE, M. (2000): ***La Investigación Científica***, 2ª ed. corregida, México: Siglo XXI.

• BYRON, F.W. y R. W. FULLER (1992): ***Mathematics of Classical and Quantum Physics***, New York: Dover.

• CAMPBELL, J. y G. MANKIW (1990): "Permanent Income, Current Income and Consumption", ***Journal of Business & Economic Statistics***, 8(3): 265-279.

• CAMPBELL, J. y G. MANKIW (1991): "The Response of Consumption to Income: A Cross-Country Investigation", ***European Economic Review***, 35(4): 723-756.

• CAMPOS, J. y N. ERICSSON (1999): "Constructive Data Mining: Modeling Consumer's Expenditure in Venezuela", ***Econometrics Journal***, 2(2): 226-240.

• CARROLL, C. D. (1997): "Buffer-Stock Saving and the Life Cycle-Permanent Income Hypothesis", ***Quarterly Journal of Economics***, 112(1): 1-56.

• CARROLL, C. D. (2001a): "A Theory of the Consumption Function, with and without Liquidity Constraints", ***Journal of Economic Perspectives***, 15(3): 23-46.

• CARROLL, C. D. (2001b): "Death to the Log-Linearized Consumption Euler Equation! (and very Poor Health to the Second-order Approximation)", ***Advances in Macroeconomics***, 1(1), Artículo 6.

• CARROLL, C. D. (2001c): "Theoretical Foundations of Buffer Stock Saving", *Manuscript*, ***Johns Hopkins University***.

• CARROLL, C. D. y M. KIMBALL (1996): "On the Concavity of the Consumption Function", ***Econometrica***, 64(4): 981-992.

• CESARI, L. (1983): ***Optimization Theory with Applications***, New York: Springer.

• CHAVAS, J. P. y T. L. COX (1997): "On Nonparametric Demand Analysis", ***European Economic Review***, 41(1): 75-95.

• CHOW, G. C. (1993): "Optimal Control without solving the Bellman Equation", *Journal of Economic Dynamics and Control*, 17(4): 621-630.

• CHOW, G. C. (1996): "The Lagrange Method of Optimization with Applications to Portfolio and Investment Decisions", *Journal of Economic Dynamics and Control*, 20(1): 1-18.

• CHOW, G. C. (1997): *Dynamic Economics. Optimization by Lagrange Method*, New York: Oxford University Press.

• COSTA, D. L. (2001): "Aggregation, Rank, and Some Historical Engel Curves", *Economics Letters*, 70(2): 183-186.

• CRAGG, J. (1971): "Some Statistical Models for Limited Dependent Variables with Application to Durable Goods", *Econometrica*, 39(5): 829-844.

• CUTANDA, A. y J. M. LABEAGA (2001): "Simulación de Perfiles de Consumo a partir de un Pseudo-panel de la ECPF", *Revista de Economía Aplicada*, 26(9): 95-123.

• DAVIDSON, J. (1994): *Stochastic Limit Theory: An Introduction for Econometricians*, Oxford: Oxford University Press.

• DAVIDSON, J. (2000): *Econometric Theory*, Oxford: Blackwell Publishers.

• DAVIDSON, J., D. HENDRY, F. SRBA y S. YEO. (1978): "Econometric Modeling of the Aggregate Time Series Relationship between Consumers Expenditure and Income in the United Kingdom", *The Economic Journal*, 88(352): 661-692.

• DEATON, A. y J. MUELLBAUER (1980a): *Economics and Consumer Behaviour*. Cambridge: Cambridge University Press.

• DEATON, A. y J. MUELLBAUER (1980b): "An Almost Ideal Demand System", *American Economic Review*, 70(3): 312-326.

• DEATON, A. (1986): "Demand Analysis" en Griliches, Z. y M. Intriligator (eds.), *Handbook of Econometrics* vol. III. Amsterdam: North-Holland.

• DEATON, A. (1991): "Saving and Liquidity Constraints", *Econometrica*, 59(5): 1221-1248.

• DEATON, A. (1992): *Understanding Consumption*, Oxford: Oxford University Press.

• DEATON, A. (1997): ***The Analysis of Household Surveys: A Microeconometric Approach to Development Policy***, Baltimore: Johns Hopkins University Press.

• DIEBOLD, F. X. y R. S. MARIANO (1995): "Comparing Predictive Accuracy", ***Journal of Business & Economic Statistics***, 13(3): 253-263.

• DIEWERT, W. E. (1971): "An Application of the Shephard Duality Theorem: A Generalized Leontief Production Function", ***Journal of Political Economy***, 79(3): 481-507.

• DIEWERT, W. E. (1982): "Duality Approaches to Microeconomic Theory" en K. Arrow y M. Intriligator (eds.), ***Handbook of Mathematical Economics*** vol. II. Amsterdam: North-Holland.

• DIEWERT, W. E. y T. J. WALES (1987): "Flexible Functional Forms and Global Curvature Conditions", ***Econometrica***, 55(1): 43-68.

• DORAN, H. E. y A. N. RAMBALDI (1997): "Applying Linear Time-Varying Constraints to Econometric Models: With an Application to Demand Systems", ***Journal of Econometrics***, 79(1): 83-95.

• DRAKE, L. (1997): "Nonparametric Demand Analysis of the U.K. Personal Sector Decisions on Consumption, Leisure, and Monetary Assets: A Reappraisal", ***The Review of Economics and Statistics***, 79(4): 679-683.

• DUDEWICZ, E. y S. MISHRA (1988): ***Modern Mathematical Statistics***, New York: John Wiley.

• FISHER, D., A. FLEISSIG y A. SERLETIS (2001): "An Empirical Comparison of Flexible Demand System Functional Forms", ***Journal of Applied Econometrics***, 16(1): 59-80.

• FLAVIN, M. A. (1981): "The Adjustment of Consumption to Changing Expectations about Future Income", ***Journal of Political Economy***, 89(5): 974-1009.

• FRIEDMAN, M. (1957): ***A Theory of the Consumption Function***, New Jersey: Princeton University Press.

• FRY, V. y P. PASHARDES (1992): "An Almost Quadratic Logarithmic Demand System for the Analysis of Micro Data", Working Paper 145, ***Institute of Economics and Statistics***, Oxford.

• FRY, J. M., T. M. FRY y K. R. MCLAREN (2000): "Compositional Data Analysis and Zeroes in Microdata", ***Applied Economics***, 32(8): 953-959.

• FRY, J. M., T. M. FRY, K. R. MCLAREN y T. N. SMITH (2001): "Modelling Zeroes in Microdata", ***Applied Economics***, 33(3): 383-392.

• GORMAN, W. M. (1981): "Some Engel Curves" en A. Deaton (ed.), ***Essays in The Theory and Measurement of Consumer Behaviour in Honour of Sir Richard Stone***. Cambridge: Cambridge University Press.

• GOURIÉROUX, C. (2000): ***Econometrics of Qualitative Dependent Variables***, New York: Cambridge University Press.

• GOURIÉROUX, C. y A. MONFORT (1996): ***Simulation-Based Econometrics***, New York: Oxford University Press.

• GOZALO, P. L. (1997): "Nonparametric Bootstrap Analysis with Applications to Demographic Effects in Demand Functions", ***Journal of Econometrics***, 81(2): 357-393.

• GRANGER, C. y H. PESARAN (2000): "Economic and Statistical Measures of Forecast Accuracy", ***Journal of Forecasting***, 19(7): 537-560.

• GREENE, W. (1999): "Marginal Effects in the Censored Regression Model", ***Economics Letters***, 64(1): 43-49.

• GRIMMETT, G. y D. STIRZAKER (2001): Probability and Random Processes, 3ª ed., Oxford: Oxford University Press.

• HADJIMATHEOU, G. (1987): ***Consumer Economics after Keynes: Theory and Evidence of the Consumption Function***, Brighton: Wheatsheaf Books.

• HALL, R. E. (1978): "Stochastic Implications of the Life Cycle-Permanent Income Hypothesis: Theory and Evidence", ***Journal of Political Economy***, 86(6): 971-987.

• HANSEN, L. P. y K. J. SINGLETON (1982): "Generalized Instrumental Variables Estimation of Nonlinear Rational Expectations Models", ***Econometrica***, 50(5): 1269-1286.

• HANSEN, L.P. y K. J. SINGLETON (1983): "Stochastic Consumption, Risk Aversion and the Temporal Behavior of Asset Returns", ***The Journal of Political Economy***, 91(2): 249-265.

• HAUSMAN, J. A., W. K. NEWEY y J. L. POWELL (1995): "Nonlinear Errors in Variables Estimation of some Engel Curves", ***Journal of Econometrics***, 65(1): 205-233.

• HAYASHI, F. (1985): "The Effects of Liquidity Constraints on Consumption: A Cross-Sectional Analysis", ***Quarterly Journal of Economics***, 100(1): 183-206.

• HAYASHI, F. (1987): "Tests for Liquidity Constraints: A Critical Survey and Some New Observations" en Bewley, T. (ed.), ***Advances in Econometrics, Fifth World Congress***. Cambridge: Cambridge University Press.

• HAYASHI, F. (2000): ***Econometrics***, Princeton: Princeton University Press.

• HENDRY, D., J. H. MUELLBAUER y A. MURPHY (1990): "The Econometrics of DHSY" en Hey, J. D. y O. Winch (eds.), ***A Century of Economics: 100 Years of the Royal Economic Society and the Economic Journal***. Oxford: Basil Blackwell.

• HERNÁNDEZ-LERMA, O. y J. B. LASSERRE (1999): ***Further Topics on Discrete-Time Markov Control Processes***, New York: Springer.

• HEYDE, C. (1997): ***Quasi-Likelihood and its Application: A General Approach to Optimal Parameter Estimation***, New York: Springer.

• HONG, H. y E. TAMER (2003): "Inference in Censored Models with Endogenous Regressors", ***Econometrica***, 71(3): 905-932.

• HORN, R. A. y C. R. JOHNSON (1991): ***Topics in Matrix Analysis***, Cambridge: Cambridge University Press.

• HSIAO, C. (2003): ***Analysis of Panel Data***, 2nd ed. New York: Cambridge University Press.

• HURWICZ L. y H. UZAWA (1971): "On the Integrability of Demand Functions" en J. Chipman, L. Hurwicz, M. Richter y H. Sonnenschtein (eds.), ***Preference, Utility and Demand***. New York: Harcourt, Brace, Jovanovich.

• JAPPELLI, T. y M. PAGANO (1994): "Saving, Growth, and Liquidity Constraints", ***Quarterly Journal of Economics***, 109(1): 83-109.

• JOHNSON, N. L., S. KOTZ y N. BALAKRISHNAN (1994-1995): ***Continuous Univariate Distributions***, 2 ed., vols. I-II, New York: John Wiley.

• JONES, F. (2001): ***Lebesgue Integration on Euclidean Space***, revised ed. Sudbury (Massachusetts): Jones and Barlett Publishers.

• JORGENSON, D. W., L. J. LAU y T. M. STOKER (1982): "The Transcendental Logarithmic Model of Aggregate Consumer Behavior" en R. Basmann y G. Rhodes (eds.) ***Advances in Econometrics***, vol. I. Greenwich: JAI Press.

• KIMBALL, M. S. (1990): "Precautionary Saving in the Small and in the Large", ***Econometrica***, 58(1): 53-73.

• KNEIP, A. (1994): "Nonparametric Estimation of Common Regressors for Similar Curve Data", ***The Annals of Statistics***, 22(3): 1386-1427.

• KUSHNER, H. J. y P. G. DUPUIS (2001): ***Numerical Methods for Stochastic Control Problems in Continuous Time***, 2nd ed. New York: Springer.

• LABEAGA, J. M. y A. LÓPEZ (1996): "Flexible Demand System Estimation and the Revenue and Welfare Effects of the 1995 VAT Reform on Spanish Households", ***Revista Española de Economía***, 13(2): 181-197.

• LEE, L. F. y G. S. MADDALA (1985): "The Common Structure of Tests for Selectivity Bias, Serial Correlation, Heteroscedasticity and Non-Normality in the Tobit Model", ***International Economic Review***, 26(1): 1-20.

• LESER, A. (1963): "Forms of Engel Curves", ***Econometrica***, 31(4): 694-703.

• LEWBEL, A. (1987): "Characterizing some Gorman Engel Curves", ***Econometrica***, 55(6): 1451-1459.

• LEWBEL, A. (1989): "Nesting the AIDS and Translog Demand Systems", ***International Economic Review***, 30(2): 349-356.

• LEWBEL, A. (1996): "Demand Estimation with Expenditure Measurement Errors on the Left- and Right-Hand Side", ***The Review of Economics and Statistics***, 78(4): 718-725.

• LEWBEL, A. (1999): "Consumer Demand Systems and Household Equivalence Scales" en M. Pesaran y P. Schmidt (eds.), ***Handbook of Applied Econometrics*** vol. II. Oxford: Blackwell Publishers.

• LEWBEL, A. (2003): "A Rational Rank Four Demand System", ***Journal of Applied Econometrics***, 18(2): 127-135.

• LJUNGQVIST, L. y T. SARGENT (2000): ***Recursive Macroeconomic Theory***, Cambridge (Massachusetts): MIT Press.

• LÓPEZ SALIDO, J. D. (1993): "Consumo y Ciclo Vital: Resultados para España con Datos de Panel", ***Investigaciones Económicas***, 17(2): 285-312.

• LUDVIGSON, S. y C. PAXSON (2001): "Approximation Bias in Linearized Euler Equations", ***The Review of Economics and Statistics***, 83(2): 242-256.

• LYSSIOTOU, P., P. PASHARDES y T. STENGOS (1999): "Preference Heterogeneity and the Rank of Demand Systems", ***Journal of Business & Economic Statistics***, 17(2): 248-252.

• LYSSIOTOU, P., P. PASHARDES y T. STENGOS (2002): "Age Effects on Consumer Demand: An Additive Partially Linear Regression Model", ***Canadian Journal of Economics***, 35(1): 153-165.

• MADDEN, P. (1986): ***Concavity and Optimization in Microeconomics***, New York: Basil Blackwell.

• MARTINS, M. (2001): "Parametric and Semiparametric Estimation of Sample Selection Models: An Empirical Application to the Female Labour Force in Portugal", ***Journal of Applied Econometrics***, 16(1): 23-39.

• MATHEWS, B. P. y A. DIAMANTOPOULOS (1994): "Towards a Taxonomy of Forecast Error Measures: A Factor-Comparative Investigation of Forecast Error Dimensions", ***Journal of Forecasting***, 13(4): 409-416.

• MCDONALD, J. F. y R. A. MOFFITT (1980): "The Uses of Tobit Analysis", ***The Review of Economics and Statistics***, 62(2): 318-321.

• MELENBERG, B. y A. VAN SOEST (1996): "Parametric and Semi-Parametric Modelling of Vacation Expenditures", ***Journal of Applied Econometrics***, 11(1): 59-76.

• MODIGLIANI, F. (1975): "The Life Cycle Hypothesis of Saving Twenty Years Later" en Parkin, M. y A. R. Nobay (eds.), ***Contemporary Issues in Economics***, Manchester: Manchester University Press, pp. 2-36.

• MUELLBAUER, J. (1976): "Community Preferences and the Representative Consumer", ***Econometrica***, 44(5): 979-999.

• NICOL, C. (2001): "The Rank and Model Specification of Demand Systems: an Empirical Analysis Using United States Microdata", ***Canadian Journal of Economics***, 34(1): 259-289.

• OLIVER, J. (1997): "Ingreso, Consumo y Ahorro de las Familias: Propuesta de una Metodología para la Explotación de la Encuesta de Presupuestos Familiares". Documento de trabajo nº 132, ***FUNCAS***, Madrid.

• OLIVER, J., D. PUJOLAR y J. L. RAYMOND (1998): "Análisis de los Efectos de la Presión Fiscal sobre el Ahorro en España", ***Hacienda Pública Española***, 147(4): 121-139.

• PAGAN, A. y F. VELLA (1989): "Diagnostic Tests for Models Based on Individual Data: A Survey", ***Journal of Applied Econometrics***, 4 (Supplement): S29-S59.

• PAGAN, A. y A. ULLAH (1999): ***Nonparametric Econometrics***, Cambridge: Cambridge University Press.

• POLLAK, R. A. y T. J. WALES (1978): "Estimation of Complete Demand Systems from Household Budget Data: The Linear and Quadratic Expenditure Systems", ***American Economic Review***, 68(3): 348-359.

• POLLAK, R. A. y T. J. WALES (1979): "Welfare Comparisons and Equivalence Scales", ***American Economic Review***, 69(2): 216-221.

• POLLAK, R. A. y T. J. WALES (1980): "Comparison of the Quadratic Expenditure System and Translog Demand Systems with Alternative Specifications of Demographic Effects", ***Econometrica***, 48(3): 595-612.

• POLLAK, R. A. y T. J. WALES (1981): "Demographic Variables in Demand Analysis", ***Econometrica***, 49(6): 1533-1551.

• POLLAK, R. A. y T. J. WALES (1992): ***Demand System Specification and Estimation***. New York: Oxford University Press.

• PUJOLAR, D. (2003a): "A Generalization of the Lagrange Method for Discrete Stochastic Dynamic Optimization Problems with Markovian Processes", *mimeo*, Universitat Autònoma de Barcelona.

• PUJOLAR, D. (2003b): "Dynamic Clustering and Spatial Heterogeneity in Econometric Analysis", *mimeo*, Universitat Autònoma de Barcelona.

• PUJOLAR, D. (2003c): "Random Fields: A Theoretical Appraisal and its Applications to Econometrics", *mimeo*, Universitat Autònoma de Barcelona.

• PUJOLAR, D. (2003d): "Consumo, estructura del gasto y curvas de Engel: algunas consideraciones teóricas y metodológicas", tesis doctoral no publicada, Universitat Autònoma de Barcelona.

• QIAN, H. y P. SCHMIDT (1999): "Improved Instrumental Variables and Generalized Method of Moments Estimators", ***Journal of Econometrics***, 91(1): 145-169.

• RAYMOND, J. L., OLIVER, J., y D. PUJOLAR (1997): "El Ahorro de las Familias en España: una Perspectiva de Ciclo Vital", ***Papeles de Economía Española***, 70: 55-83.

• RAYMOND, J. L. (1997): "Una Aproximación Macroeconómica al Ahorro: del Círculo Virtuoso de la Riqueza al Círculo Vicioso de la Pobreza", ***Papeles de Economía Española***, 70: 152-171.

• ROGERS, L. C. G. y D. WILLIAMS (2000): ***Diffusions, Markov Processes and Martingales***, vols. I-II, 2nd ed. Cambridge: Cambridge University Press.

• ROMER, D. (2001): ***Advanced Macroeconomics***, 2nd ed. New York: McGraw-Hill.

• ROSENBLATT, M. (1985): ***Stationary Sequences and Random Fields***, Boston: Birkhäuser.

• RUNKLE, D. (1991): "Liquidity Constraints and the Permanent-Income Hypothesis", ***Journal of Monetary Economics***, 27(1): 73-98.

• RUSSELL, T. (1983): "On a Theorem of Gorman", ***Economics Letters***, 11(3): 223-224.

• SANTOS, M. (2000): "Accuracy of Numerical Solutions using the Euler Equation Residuals", ***Econometrica***, 68(6): 1377-1402.

• SEBER, G. A. (1984): ***Multivariate Observations***, New York: John Wiley.

• SEIERSTAD, A. y M. SYDSÆTER (1987): ***Optimal Control Theory with Economic Applications***, Amsterdam: North-Holland.

• SENHADJI, A. S. (2000): "How Significant are Departures from Certainty Equivalence? Some Analytical and Empirical Results", ***Review of Economic Dynamics***, 3(3): 597-617.

• SIMONOVITS, A. (2000): ***Mathematical Methods in Dynamic Economics***, London: MacMillan Press.

• TANIGUCHI, M. y Y. KAKIZAWA (2000): ***Asymptotic Theory of Statistical Inference for Time Series***, New York: Springer.

• TODOROVIC, P. (1992): ***An Introduction to Stochastic Processes and Their Applications***, New York: Springer.

• VAN DAAL, J. y A. H. MERKIES (1989): "A Note on the Quadratic Expenditure Model", ***Econometrica***, 57(6): 1439-1443.

• VARIAN, H. (1992): ***Microeconomic Analysis***, 3rd ed. New York: W. W. Norton & Company.

• VELLA, F. (1998): "Estimating Models with Sample Selection Bias: A Survey", ***The Journal of Human Resources***, 33(1): 127-169.

• VERBEEK, M. (2000): ***A Guide to Modern Econometrics***, New York: John Wiley.

• WEISS, Y. (1986): "The Determinants of Life Cycle Earnings: A Survey" en Ashenfelter, O. y R. Layard eds., ***The Handbook of Labor Economics***, vol I, Amsterdam: North Holland-Elsevier Science Publishers.

• WHITE, H. (2001): ***Asymptotic Theory for Econometricians***, revised edition. San Diego: Academic Press.

• WOOLDRIDGE, J. (2002): ***Econometric Analysis of Cross Section and Panel Data***, Cambridge (Massachusetts): MIT Press.

• YONG, J. y X. Y. ZHOU (1999): ***Stochastic Controls: Hamiltonian Systems and HJB Equations***, New York: Springer.

• YOSHIDA, A. y A. GUARIGLIA (2002): "Estimating Saving Functions in the Presence of Excessive-Zeros Problems", ***Econometrics Journal***, 5(2): 435-456.

• ZELDES, S. P. (1989a): "Consumption and Liquidity Constraints: An Empirical Investigation", ***Journal of Political Economy***, 97(2): 305-346.

• ZELDES, S. P. (1989b): "Optimal Consumption with Stochastic Income: Deviations from Certainty Equivalence", ***Quarterly Journal of Economics***, 104(2): 275-298.

# 7. ÍNDICE ANALÍTICO

www.ingramcontent.com/pod-product-compliance
Lightning Source LLC
LaVergne TN
LVHW060451061126
851857LV00016B/1789
* 9 7 8 8 4 0 9 9 0 6 5 5 0 *